DUMONT

WER, WIE, WAS, WIESO, WESHALB, WARUM?

Warum schwimmt der gekochte Knödel oben? Wie zählt man Sterne? Warum zittert Espenlaub? Oft geben uns gerade die einfachen, alltäglichen Dinge die größten Rätsel auf. Die Journalistinnen Nicola Kuhrt und Irene Meichsner beantworten Fragen, die Sie sich schon immer gestellt haben. Hemmungslos wird jedes noch so alltäglich scheinende Phänomen hinterfragt. Dabei baten die Autorinnen bei ihrer Recherche stets gestandene Wissenschaftlerinnen und Wissenschaftler um Aufklärung. Einige mussten noch einmal in ihren Lehrbüchern nachschlagen, andere gingen ins Labor, um im Experiment das Rätsel zu lösen.

Nicola Kuhrt, geboren 1974 in Haan, studierte Germanistik an der Bergischen Universität Wuppertal. Sie arbeitet als freie Journalistin, u.a. für *Financial Times Deutschland*, *Kölner Stadt-Anzeiger*, *Süddeutsche Zeitung*, und gibt Seminare für junge Wissenschaftsjournalisten. Für den *Kölner Stadt-Anzeiger* schrieb sie die im Buch versammelten Texte.

Dr. Irene Meichsner, geboren 1952 in Bonn, studierte Philosophie und Geschichte in Köln und Freiburg. Seit 1981 arbeitet sie als freie Journalistin in Köln. Ab 1990 betreut sie redaktionell die Wissenschaftsseite »Natur und Wissenschaft« des *Kölner Stadt-Anzeiger*, wo Nicola Kuhrts Kolumnen unter dem Titel »Die W-Frage« erscheinen. Sie schreibt u.a. für *Die Zeit*, *Frankfurter Allgemeine Sonntagszeitung*, *ZeitWissen* sowie als Co-Autorin für ARD, ZDF und WDR. 2005 erhielt sie den Georg von Holtzbrinck Preis für Wissenschaftsjournalismus im Bereich Print.

Nicola Kuhrt / Irene Meichsner

Warum kriegt der Specht kein Kopfweh?

Geheimnisse des Alltags
und ihre verblüffenden Erklärungen

Mit Illustrationen von Susanne Kracht

DUMONT

FSC
www.fsc.org
MIX
Papier aus verantwortungsvollen Quellen
FSC® C083411

November 2015
DuMont Buchverlag, Köln

Umschlaggestaltung: Lübbeke Naumann Thoben, Köln
Umschlagabbildung: © Stefanie Naumann
Illustrationen: Susanne Kracht
Gesetzt aus der Corporate und der Neuen Helvetica
Gedruckt auf säurefreiem und chlorfrei gebleichtem Papier
Druck und Verarbeitung: CPI books GmbH, Leck
Printed in Germany
ISBN 978-3-8321-6118-7

www.dumont-buchverlag.de

Vorwort

Schallendes Gelächter. Das war so ziemlich die letzte Reaktion, mit der wir gerechnet hatten. Doch statt auf die Frage »Warum ist der Mittelfinger immer am längsten?« eine wissenschaftlich fundierte Antwort zu geben, amüsierte sich der Professor - ein ausgewiesener Experte für anatomische Besonderheiten - köstlich. Als er sich endlich wieder beruhigt hatte, sagte er trocken: »Gute Frage! Aber ich habe keine Ahnung, warum das so ist.«

Auf der Wissenschaftsseite des »Kölner Stadt-Anzeiger« versuchen wir regelmäßig, »W-Fragen« zu beantworten, die uns die Leser stellen. »W« wie Warum? Wieso? Weshalb? Woher? Wer? Wie? Was? und Wohin?

Seit dem Start des Projekts überraschen diese Fragen nicht nur unzählige Leser und uns Journalistinnen, die wir auf die Suche nach Antworten gehen, sondern auch die von uns zu Rate gezogenen Professoren, Ärzte, Biologen, Astronomen, Ingenieure, Geologen und Zoologen. Denn nur zu oft sind Fragen, die auf den ersten Blick ganz einfach zu sein scheinen und um alltägliche Phänomene kreisen, nicht leicht zu beantworten. Oder wissen Sie, warum nasse Lappen sehr viel besser putzen als trockene?

Seltsam, wie viele nahe liegende Dinge noch ihrer Erklärung harren. Wir schicken Raumsonden zur Venus und wissen nicht, warum der Mensch graue Haare bekommt. So mancher Wissenschaftler wollte es sich leicht machen. Doch mit Floskeln wie »das war schon immer so« oder »das ist nun mal so« ließen wir uns nicht abspeisen. Einige Forscher sahen sich gezwungen, noch einmal in ihren Bibliotheken nachzuschlagen. Die meisten haben sich mit Freude unserer Fragen angenommen, manche sind tief in die Materie eingestiegen, etwa jener Forscher, von dem wir wissen wollten, warum ein Muttermal »Muttermal« heißt. Wieder andere führten sogar Versuche durch, kochten eigenhändig Kartoffelklöße, weil wir wissen wollten, warum gekochte Knödel immer oben schwimmen. Oder sie hauchten ihre Badezimmerspiegel an, weil wir sie gefragt hatten, warum Glasscheiben beschlagen. An dieser Stelle möchten wir ihnen allen ganz herzlich für ihr Engagement danken.

Unser Dank gilt vor allem aber auch jenen klugen Lesern, die uns ihre Fragen gestellt haben. Gefragt haben Schüler, Rentner, Hausfrauen und Bankangestellte; eine Frau fragte für ihren Mann, ein Kindermädchen für seinen kleinen Schützling. Für das Buch haben wir hundert besonders schöne Fragen ausgearbeitet und zusammengestellt, übrigens nicht so zufällig, wie es auf den ersten Blick scheinen mag. Die Texte folgen dem Ablauf der Jahreszeiten.

Wohin sich die Gesellschaft entwickelt, welche bahnbrechenden Entwicklungen die Zukunft bereithält, können wir hier und heute nicht klären. Aber wir sagen, wie das Glühwürmchen glüht und der Akku Strom speichert, warum Kekse weich werden, wie Pflanzen schlafen und wie der Besen fliegt und natürlich: warum der Specht kein Kopfweh kriegt.

1 Wie groß wird eine Schneeflocke?

Ist es kalt genug, entstehen in Wolken Schneekristalle. Das passiert, weil eine Wolke eigentlich nichts anderes ist als eine Ansammlung winziger Wassertröpfchen - und weil Wasser bei entsprechend tiefen Temperaturen gefriert.

Die Form dieser kleinen Eiskristalle variiert. Bei null Grad Celsius bilden sich meist sechseckige Eisplättchen, bei minus drei bis minus fünf Grad spricht der Meteorologe von Eisnadeln, dann folgen Kristalle, die an Prismen erinnern, und schließlich »dendritische« Kristalle, die strauchartig aufgebaut sind.

Einzelne Schneekristalle messen nur einen halben bis fünf Millimeter. Aber auf dem Weg zur Erde schließen sie sich gern mit anderen Kristallen zusammen, sodass sie im Verbund »Schneeflocke« bei uns ankommen.

In der Regel sind diese Schneeflocken bis zu drei Zentimeter groß, besonders bei schwachem Wind mitunter aber auch größer. »Das sind dann locker zusammengekettete Kristalle und Schneesterne, die bis zu fünf Zentimetern groß werden können«, erklärt Gerhard Lux vom Deutschen Wetterdienst.

Warum es bis auf seltene Ausnahmen keine noch größeren Flocken gibt? Selbst bei besten (windstillen) Bedingungen »sind sie einer gewissen Turbulenz und auch Reibung der Luft ausgesetzt«, sagt Lux. Folge: Ab einer bestimmten Größe zerbrechen die filigranen Flocken einfach in mehrere Stücke.

Nicht alle Schneekristalle enden in einer Schneeflocke. Werden sie durch angefrorene Wassertröpfchen zu kleinen Kügelchen verklumpt, handelt es sich um »Graupel«. Bei Korngrößen mit einem Durchmesser von weniger als einem Millimeter spricht man von »Griesel«. Er lässt sich mit dem Sprühregen vergleichen, fällt nur in geringen Mengen, oft aus Nebel oder Hochnebel.

2 Warum dreht sich die Erde?

Nicht nur Mars, Merkur und Jupiter drehen sich um sich selbst. Seit 1851, als der berühmte französische Physiker Jean Bernard Foucault (1819-1868) sein legendäres Pendel schwang, wissen wir definitiv: Auch die Erde dreht sich um sich selbst. Warum dies alle Planeten außer der Venus tun, steht noch nicht eindeutig fest. Es wird von Wissenschaftlern mit verschiedenen Theorien erklärt.

Manche Forscher vermuten, dass der Einschlag eines großen Objekts vor Urzeiten die Erde in Rotation versetzte. 50 Millionen Jahre nach der Geburt des Sonnensystems soll die Erde mit einem anderen großen Himmelskörper kollidiert sein. Der Zusammenprall sei so stark gewesen, dass unser Heimatplanet zu der bis heute andauernden Drehung angestoßen wurde.

Andere Astronomen glauben, dass die Drehbewegung der Planeten mit ihrer Entstehung aus einem sich bereits drehenden Material zusammenhängt: Vor rund 4,6 Milliarden Jahren bildete sich unsere Sonne aus einer sich drehenden Wasserstoff- und Heliumwolke.

Um die junge Sonne sammelten sich winzige Staub- und Materieteilchen, die in der Staubscheibe langsam zu Planeten heranwuchsen - und bis heute, so die Forscher, gar nicht anders können, als sich ebenfalls zu drehen.

3 Warum verfärbt sich das Chamäleon?

Viele glauben, das Chamäleon würde seine Farbe wechseln, um sich dem jeweiligen Hintergrund anzupassen und dadurch zu tarnen. Doch diese Annahme ist falsch.

Die Färbung ist vielmehr eine Art Stimmungsbarometer. Ist das Chamäleon angriffslustig oder fühlt es sich gestresst, wird es schwarz. Geht es ihm besser, dann leuchtet es – je nachdem, um welche Art es sich handelt – in rot oder grün. Thomas Ziegler, Leiter des Aquariums im Kölner Zoo: »Jedes Chamäleon hat eine besondere Farbpalette zur Verfügung, in deren Rahmen es je nach Gemütslage variieren kann.«

Der Farbcode dient der stillen Kommunikation mit Artgenossen. Dafür rüstete die Natur das Chamäleon mit speziellen Zellen in der Haut aus, die unterschiedliche Farbpigmente enthalten. In manchen Zellen stecken sogenannte »Karotine« für Gelb- und Orange-Töne, in anderen sogenannte »Melanine« für die braune und schwarze Farbe.

Je nach Stimmung werden die einen oder anderen Zellen zusammengezogen oder ausgedehnt. So wird das Chamäleon bei Stress schwarz, in Ruhephasen und bei besserer Laune dann wieder rot oder grün.

4 Warum rutscht man auf Eis und Schnee?

Dass wir den Halt auf Eis und Schnee verlieren, liegt an einer natürlichen, sehr dünnen, für uns unsichtbaren Wasserschicht auf dem Eis. Sie wirkt wie ein Schmiermittel zwischen den Schuhen und dem Boden, wodurch die sogenannte Haftreibung, die normalerweise dafür sorgt, dass etwa zwischen einer Schuhsohle und dem Asphalt ein ausreichend großer Bremswiderstand entsteht, extrem gemindert wird. Folge: Wir rutschen aus.

Im Straßenverkehr unerwünscht, ist der Verlust der physikalischen Haftreibung beim Wintersport geradezu unerlässlich. Anders wären Skifahren oder Eislaufen gar nicht möglich. Begünstigt wird hier der Effekt des Rutschens oder Gleitens auch noch durch das Material von Skiern und Kufen, die dem Untergrund kaum Widerstand entgegensetzen.

Noch rutschiger wird die Ski-Partie, wenn wir die Bretter vor der Abfahrt ordentlich einwachsen. Denn das Wachs funktioniert ebenfalls wie ein Schmiermittel, die Reibung zwischen Brett und Schnee wird weiter reduziert, wir gleiten auf den Skiern noch schneller ins Tal.

Britische Wissenschaftler machten sich all diese Tatsachen für eine möglicherweise lukrative Erfindung zunutze. Sie entwickelten einen Ski, der das Kunststück fertig bringt, sich während der Fahrt automatisch selber einzuwachsen. Der Trick: Im Skistiefel ist ein Reservoir eingebaut. Es verteilt das Wachs über einen winzigen Schlauch mit einem Durchmesser von nur einem Viertelmillimeter bis zur Spitze des Skis.

Erste Tests in den Alpen brachten bislang zwar nur eine Erhöhung der Geschwindigkeit um zwei Prozent, aber die Forscher sind fest überzeugt, diesen Wert durch ein anderes Schmiermittel noch erheblich optimieren zu können. Dann fehlt nur noch der nötige Schnee.

5 Warum haben Raubkatzen weiße Ohren?

Sie können noch so gefährlich sein: Raubkatzen wie Geparden oder Tiger mögen über ein scharfes Gebiss und imposante Tatzen verfügen. Doch zugleich besitzen sie Ohren, die man fast niedlich nennen könnte. Weißes Fell schmückt die Spitzen der Raubkatzen-Lauscher.

»Was es mit dem abweichenden Muster – ein Tiger ist sonst gestreift, der Gepard gepunktet – auf sich hat, weiß die Wissenschaft noch nicht eindeutig zu beantworten«, sagt Lydia Kolter, Kuratorin für Raubkatzen und Bären am Kölner Zoo. »Da kann man nur spekulieren.«

Das meint auch Gustav Peters, Raubtierexperte am Zoologischen Forschungsmuseum König in Bonn. »Eine der wissenschaftlichen Hypothesen lautet«, so Peters, »dass Jungtiere, die ihren Eltern folgen, diese anhand der weißen Ohrenspitzen besser sehen können.«

Dafür spricht nicht zuletzt, dass viele Raubkatzen zusätzlich auch noch über weiße Schwanzunterseiten verfügen. Letztere tragen die großen Katzen gern am Ende etwas aufgerollt – eine tierische Fahne, an der sich der Nachwuchs gut orientieren kann.

6 Wie zählt man Sterne?

Wer wissen möchte, wie viel Sterne am Himmel stehen, hat mehrere Möglichkeiten. Er kann die Himmelskörper tatsächlich einzeln zählen, so wie das der preußische Astronom Friedrich Wilhelm August Argelander (1799-1875) mit seiner »Durchmusterung« getan hat. Der Astronom richtete einfach sein Fernrohr zum Himmel und notierte alle Sterne, die vor ihm vorbeizogen.

»Nacht für Nacht veränderte er die Höhe des Fernrohrs, sodass er im Lauf mehrerer Jahre mit seinem kleinen Fernrohr mehr als 300.000 Sterne des nördlichen Sternenhimmels erfasste«, berichtet Michael Geffert, Mitarbeiter des »Argelander-Instituts für Astronomie« an der Universität Bonn.

Eine schnellere und effektivere Methode ist das moderne Sterne-Zählen mit Hilfe von Computern und Teleskopen, die »Weitfeld«-Aufnahmen des Sternenhimmels ermöglichen. Die Astronomen zählen dabei die Sterne nur in einzelnen Himmelsfeldern, berücksichtigt werden auch die Helligkeit und Entfernung von Sternen.

»Jede Lichtquelle erscheint schwächer, wenn sie weiter entfernt steht. Sterne in großen Entfernungen sehen wir also nur, wenn sie stark strahlen, andere können wir gar nicht erkennen«, erklärt Rudolf Kippenhahn, langjähriger Direktor des Max-Planck-Instituts für Astrophysik in Garching.

»Der nächste Schritt ähnelt dann den Hochrechnungen am Abend einer Bundestagswahl«, fährt Kippenhahn fort: »Da wird von den Ergebnissen bereits ausgezählter Bezirke auf das ganze Wahlergebnis geschlossen.« Astronomen wählen also einzelne Himmelsfelder aus und schließen von den »ausgezählten« Sternfeldern auf den gesamten Sternenhimmel.

Auf einen Stern mehr oder weniger kommt es dabei gar nicht an. Aktuellen Hochrechnungen zufolge dürfte allein das Milchstraßensystem aus rund 400 Milliarden und das gesamte Universum aus zehn Trilliarden Sternen bestehen - eine Zahl mit 22 Nullen.

7 Warum hat das Zebra Streifen?

Dazu gibt es diverse Theorien, und vielleicht steckt in jeder etwas mehr oder weniger Wahres. Die bekannteste Theorie geht davon aus, dass sich Zebras mit ihren Streifen tarnen. Besonders bei heißer, flimmernder Luft verschwimmt das Tier dank der Streifen auf seinem Fell sowohl mit dem hohen Gras der Savanne als auch mit seinen umstehenden Artgenossen, was Löwen die Jagd in der Tat erschweren dürfte.

Streifen-Theorie Nummer zwei stellt weitaus kleinere Plagegeister in Rechnung. Sie besagt, dass Blut saugende Insekten, wie etwa Bremsen oder Tsetse-Fliegen, einheitlich gefärbte Oberflächen bevorzugen. Tatsächlich werden Zebras, möglicherweise dank ihres Schwarz-Weiß-Musters, seltener von derartigen Insekten heimgesucht. Sie sind in den bevorzugten Lebensräumen von Zebras allerdings auch weniger weit verbreitet als in anderen Regionen.

Theorie Nummer drei schlägt eine vollkommen neue Richtung ein. Demnach dienen die Zebra-Streifen der Kommunikation. Die Tiere erkennen sich anhand ihrer Streifen, wodurch Einzeltiere, besonders Mütter und ihre Fohlen, schneller zueinander finden. »Die Streifen scheinen auf jeden Fall einen evolutionären Vorteil zu verschaffen«, sagt Annette Benesch, Biologin an der Universität Frankfurt.

Sie selbst hat noch eine ganz andere Möglichkeit untersucht – ausgehend von der Tatsache, dass dunkle Flächen sich schneller erwärmen als helle. Nutzen Zebras ihre Streifen zur Thermoregulation? Mit einer Infrarotkamera bewaffnet, schaute Benesch in mehreren Zoos den Zebras genau aufs Fell.

Ergebnis: Die schwarzen Streifen werden in der prallen Sonne um einiges heißer (62,4 Grad) als die weißen (41,6 Grad). »Die schwarzen Streifen könnten dann allerdings von Nachteil für das Zebra sein, weil sie das Tier unnötig aufheizen«, gibt Benesch zu bedenken. Allerdings weiß man, dass unter den schwarzen Streifen gelbe Fettpolster liegen. Da Fett ein guter Wärmeisolator ist, könnte dieses Polster verhindern, dass zu viel Wärme in den Körper vordringt. An dieser Stelle kommt Benesch vorerst nicht weiter: »Für weitere Untersuchungen fehlen leider die Mittel.«

8 Wieso kann nicht jeder die Zunge rollen?

An einem einzelnen Gen soll es liegen, dass nur sieben von zehn Menschen ihre Zunge an den Seiten hochbiegen und nach oben zusammenklappen können. So steht es im Lehrbuch. Besagtes Gen sei für die Ausbildung der Zungenmuskeln verantwortlich – wer es nicht besitze, verfüge zwar über die gleichen Muskeln, diese seien aber nicht stark genug ausgebildet, um die Zunge zur Röhre formen zu können.

»Alles Quatsch«, signalisiert dagegen der Internetauftritt eines molekulargenetischen Expertenforums. Schon vor 50 Jahren habe man herausgefunden, dass Zungenrollen kein vererbbares genetisches Merkmal sein könne, außerdem sei Zungenrollen auch erlernbar.

Was stimmt denn nun? Rückfragen bei mehreren Experten führen nicht weiter. »Wenn es so viele Meinungen zu einem wissenschaftlichen Thema gibt, das auf den ersten Blick simpel scheint, dann liegt das in der Regel daran, dass es noch nie wirklich gründlich und von guten Genetikern untersucht worden ist«, sagt etwa Thomas Laux, Molekularbiologe an der Universität Freiburg.

Am Max-Delbrück-Centrum für Molekulare Medizin in Berlin, wo eine Professorin die für die Ausbildung von Muskeln verantwortlichen Prozesse untersucht, heißt es nur: »Wir können Ihnen leider nicht weiterhelfen.« Auch Karl-Bernd Hüttenbrink, Direktor der Kölner Hals-, Nasen-, Ohren-Uniklinik, kennt keine Details, das Phänomen sei nie wirklich studiert worden. Immerhin: »Eine Krankheit ist es nicht.« Sobald es Neues von der gerollten Zunge gibt, teilen wir es Ihnen mit! Versprochen.

9 Warum stinkt ein Furz?

Veilchen oder faule Eier – der Geruch eines Pupses hängt stark davon ab, was der Mensch vorher gegessen hat. Denn der Furz, wissenschaftlich »Flatus« genannt, besteht aus Gasen, die im Magen-Darm-Trakt bei der Verdauung von Nahrungsmitteln entstehen. Viele fleißige Darmbakterien erzeugen diese Gase beim Zerlegen von Nahrungsbestandteilen, die der Körper nicht abbauen kann.

Im Durchschnitt entweicht pro Tag etwa ein halber Liter dieses Gasgemischs als Furz. Es enthält diverse flüchtige Stoffe – vor allem Stickstoff, Wasserstoff, Kohlenstoff, dazu häufig auch Methan. Was den »Flatus« so besonders unangenehm macht: In vielen Eiweißen stecken schwefelhaltige Aminosäuren. Sie werden in Schwefelwasserstoff umgesetzt. Dieses Gas riecht intensiv nach faulen Eiern.

Dabei gilt die Faustregel: Je schwefelreicher die Nahrung, desto stärker der Gestank. Besonders geruchsintensiv sind Zwiebeln und Knoblauch, aber auch Kohlgemüse, Peperoni und Eier. Beim Verdauen von Fleisch entstehen die Spurengase »Skatol« und »Indol« – und mit ihnen der Geruch von Gülle.

10 Warum klebt Tesafilm nicht auf der Rolle?

Auch wenn man es einem hauchdünnen Tesastreifen nicht ansieht: Der Kunststofffilm, aus dem er besteht, ist auf beiden Seiten mit unterschiedlichen Materialien beschichtet. Auf der einen Seite befindet sich der Haftkleber.

Nutzt man das Tesaband, um etwa ein Geschenk einzupacken, bilden sich zwischen der Oberfläche des Papiers und dem Klebefilm sogenannte Bindungskräfte. Folge: Die Moleküle der Materialien haften quasi aneinander. Der Physiker spricht von »Adhäsion«.

Die »Rückseite« des Tesafilms wird mit einem speziellen Trennmittel beschichtet, um zu verhindern, dass die Streifen auf der Rolle zusammenkleben. »Welches Mittel das ist, können wir im Detail nicht verraten«, erklärt Klaus Keite-Telgenbüscher, Laborleiter des Unternehmens. »Aber geeignet sind zum Beispiel fluorierte Kunststoffe und Silikone, wie man sie von Teflonpfannen oder flexiblen Backformen her kennt.«

Noch etwas verbirgt sich im Tesafilm: Vor dem Haftkleber wird auf den Kunststoff ein »Primer« aufgetragen, das soll die Verankerung der Klebstoffmasse verbessern. Und Keite-Telgenbüscher weiter: »Um die Adhäsion eines Haftklebestoffes zum Träger zu erhöhen, wird die Oberfläche durch physikalische Verfahren gereinigt, aufgeraut und chemisch funktionalisiert. Dabei werden beispielsweise molekulare Schmutzschichten auf der Oberfläche entfernt.«

11 Wer legte das Ei des Kolumbus?

Für ein unlösbar scheinendes Problem eine einfache Lösung zu finden: Das meint man, wenn man vom »Ei des Kolumbus« spricht. Ob es das berühmte Seefahrer-Ei wirklich gegeben hat, ist allerdings fraglich. Um das geflügelte Wort ranken sich verschiedene Geschichten, seine Herkunft ist wissenschaftlich noch nicht eindeutig geklärt.

Der italienische Kaufmann Girolamo Benzoni berichtet zum Beispiel in seiner 1565 in Venedig erschienenen »Geschichte der Neuen Welt« von einem Festmahl beim spanischen Kardinal Mendoza im Jahre 1493, an dem Kolumbus als Ehrengast teilnahm. Er war gerade von seiner ersten Amerika-Reise zurückgekehrt. Die meisten anderen Gäste, so Benzoni, hätten gemeint, Kolumbus' Entdeckung von Amerika (1492) sei doch nichts Besonderes. Jedem hätte sie gelingen können, hätte man nur früher daran gedacht.

Um zu beweisen, dass nicht alles so einfach ist, wie es sich im Nachhinein darstellt, forderte Kolumbus seine Kritiker heraus: Er hielt ein Ei hoch und fragte, wer es auf die Spitze stellen könne, ohne dass es umkippen würde. Keinem gelang es. Kolumbus nahm das Ei, drückte die Schale an der Spitze ein wenig ein und stellte es auf den Tisch. Mit dieser simplen Lösung für das scheinbar unlösbare Problem brachte er seine Kritiker zum Schweigen.

Ältere Quellen schreiben die Anekdote schon dem italienischen Baumeister Filippo Brunelleschi (1377–1446) zu. Er hatte ein Modell für die Kuppel des Doms von Florenz entworfen, das andere Architekten für undurchführbar hielten.

Brunelleschi schlug vor, derjenige solle die Kuppel bauen dürfen, dem es gelänge, ein Ei aufrecht auf eine Marmorplatte zu stellen. Nachdem es ihm in obiger Manier als Einzigem gelungen war, bekam er den Zuschlag. Und ein Blick auf den Dom zeigt: Die Kuppel erinnert tatsächlich an ein Ei.

Möglicherweise steckt aber auch in beiden Geschichten ein wahrer Kern. Denn vielleicht kannte Kolumbus die Geschichte von Brunelleschi und nutzte sie für seine Zwecke. Dann hätten wir es doch mit einem »Ei des Kolumbus« zu tun. Bliebe nur noch die Frage zu klären, wer dieses Ei denn nun legte. Der Physiker Heinrich Hemme vom Fachbereich Maschinenbau an der Fachhochschule Aachen, der ein ganzes Buch mit Denksportaufgaben unter dem Titel »Das Ei des Kolumbus« verfasste, antwortet darauf verschmitzt: »Sollte es das Ei tatsächlich gegeben haben, dann war es von einem normalen Huhn.«

12 Wie viele Halswirbel hat die Giraffe?

Nahezu jedes Säugetier hat sieben Halswirbel – egal wie lang der Hals ist. Bei der Maus sind die einzelnen Knochen nur winzig klein, bei der Giraffe hingegen riesengroß. Mit ihrem langen Hals kommt

die Giraffe gut an die Blätter oben in den Bäumen. Aber warum schenkte ihr die Evolution dann kein flexibleres, biegsameres Hals-Modell - zum Beispiel eines mit doppelt so vielen Wirbeln?

Offenbar ist es leichter, Vorhandenes zu verändern, als Neues zu schaffen. Die Anzahl der Wirbel wird vererbt. Und ihr starrer Hals reichte der Giraffe für ihre Zwecke vollkommen aus. »Wenn eine Variante einmal etabliert ist, hier: die mit den Riesenwirbeln, wird es eine neue Variante, selbst wenn sie ein besseres Design hätte, dagegen immer sehr schwer haben«, sagt der Entwicklungsbiologe Einhard Schierenberg vom Zoologischen Institut der Universität Köln.

Eine gewisse Kontinuität sei aber auch wichtig, ergänzt Günter Fleissner, Zoologe aus Frankfurt. »Stellen Sie sich vor, wir wären irgendwelchen Launen der Natur so ausgesetzt, dass wir mal mehr, mal weniger Halswirbel hätten. Ohne festen Bauplan in unserem Genom könnten die Enkelchen vielleicht mal mit sechs Beinen herumlaufen oder sich mit ihren Flügeln von den Bäumen fallen lassen!«

Ausnahmen bestätigen nur die Regel: Faultiere haben acht bis neun, Seekühe nur sechs Halswirbel. So unflexibel sei eine Giraffe im Übrigen gar nicht, erklärt Olaf Behlert, Tierarzt des Kölner Zoos: »Die balanciert das alles ganz schön aus.«

13 Wie misst man die Entfernung von Sternen?

Der Effekt, den Astronomen nutzen, um die Entfernung zu einem viele Lichtjahre entfernten Stern zu berechnen, lässt sich im Prinzip auch im Kleinen beobachten: Betrachtet man den eigenen Daumen einmal mit zugekniffenem linken und einmal mit zugekniffenem rechten Auge, ändert er gegenüber dem Hintergrund scheinbar seine Position.

Genauso verhält es sich auch mit der Erde und einem Stern. Die Erde bewegt sich im Laufe eines Jahres um die Sonne. Wird in dieser Zeit der Standort eines Sterns aus zwei verschiedenen Positionen gemessen, scheint auch er seine Lage geändert zu haben.

Den Winkel, den diese Änderung umfasst, nennt man »Parallaxe«. Sie ist das Maß, mit dem die Entfernung des Sterns berechnet werden kann – im Detail allerdings eine hochkomplizierte Angelegenheit. »Was viele auch nicht wissen: die Methode funktioniert nur für etwa 5000 Sterne, die recht nah zur Erde sind«, berichtet der Astronom Michael Geffert vom »Argelander-Institut für Astronomie« an der Universität Bonn.

Denn je weiter ein Stern von der Erde entfernt ist, desto kleiner wird die messbare Parallaxe. Ein Lichtjahr entspricht 9,46 Billionen Kilometern. Ist ein Objekt mehr als 300 Lichtjahre entfernt, ist die Parallaxe so klein, dass man eigentlich nicht mehr vernünftig mit dem Maß arbeiten kann. Ab da ist man auf andere Messmethoden angewiesen – etwa die Bestimmung der Entfernung mit Farben-Helligkeits-Diagrammen.

14 Warum kann man sich nicht selber kitzeln?

Trotz vieler Forschung: Warum der Mensch überhaupt kitzelig ist, bleibt immer noch ein Rätsel. Aber man weiß, dass es sich um einen Reiz handelt, der von der Haut über Nervenbahnen bis ins Gehirn transportiert wird, genauer gesagt: bis in die Großhirnrinde. In einem Abschnitt, der für Sinneswahrnehmungen zuständig ist, dem »Gyrus postcentralis«, wird die Information »Es kitzelt mich jemand« der betroffenen Region des Körpers zugeordnet. Dadurch weiß der Mensch zum Beispiel: »Es kitzelt mich jemand unter dem Fuß«, und die entsprechenden Reaktionen - lachen, kichern, kringeln - werden ausgelöst.

Dass tatsächlich nur Fremdkitzeln funktioniert und man sich selbst nicht wirklich kitzeln kann, stellte der britische Neuropsychologe Lawrence Weiskrantz 1970 in einer aufwendigen Kitzel-Studie unter Beweis. Er baute dafür eigens einen Kitzel-Automaten. Eine Holzkiste wurde so präpariert, dass an der Oberseite aus einem Schlitz knapp die Spitze einer Stricknadel ragte, die sich mit einem Hebel hin und her bewegen ließ.

Das Ganze war so konstruiert, dass die Stricknadelspitze mit einem konstanten Druck von 17 Gramm auf eine Fußsohle drückte. Um den Kitzelreiz auszulösen, wurde der Hebel zehn Zentimeter hin und her geschoben. Ein Metronom gab den Takt vor, jede Sekunde fand ein Richtungswechsel statt. Testpersonen mussten den Hebel entweder selber bedienen oder es über sich ergehen lassen, wenn eine fremde Person dies tat.

Das Urteil der Probanden war einmütig: Bediente ein Fremder den Hebel, waren sie viel kitzliger. Dass der Mensch sich selber kaum kitzeln kann, liegt daran, dass das Gehirn die Reizwahrnehmung vorwegnimmt. Dadurch spüren wir die Berührung nur noch in abgeschwächter Form. Diese Reaktion ist eine Art Selbstschutz. Da auf unseren Körper unendlich viele Reize einströmen, hat das

Gehirn gelernt, harmlosere von möglicherweise gefährlichen zu unterscheiden.

Vermutlich soll unser Körper durch den Kitzel-Alarm vor Berührungen geschützt werden, die ihm gefährlich werden könnten. Deshalb sei man an empfindlichen Stellen besonders kitzlig, sagen die Wissenschaftler, etwa am Bauch und den Rippen, unter denen lebenswichtige Organe liegen, oder an den Füßen, mit denen wir notfalls weglaufen könnten. Stelle sich die Situation als harmlos heraus, werde das Gefühl der Erleichterung durch Lachen zum Ausdruck gebracht.

Das würde übrigens auch erklären, warum uns beim Kitzeln nicht wirklich fröhlich zumute ist: Während wir kichern, wünschen wir uns in der Regel nichts dringlicher, als dass die Kitzel-Attacke möglichst bald vorübergeht.

15 Warum weint das Krokodil?

Wenn das Krokodil frisst, kommen ihm die Tränen. Geheucheltes Mitgefühl für seine unglückliche Beute spiele dabei allerdings keine Rolle, meint Kent Vliet von der Universität von Florida. Der US-Zoologe wollte wissen, was hinter der – auch im Englischen gebräuchlichen – Redensart »Krokodilstränen vergießen« steckt. Im Volksmund bedeutet sie, Trauer oder Betroffenheit nur tränenreich vorzutäuschen. Literarisch lässt sie sich bis zu den »Reisen« des Sir John Mandeville, einem fiktiven Reisebericht aus dem 14. Jahrhundert, zurückverfolgen, demzufolge Krokodile, wenn sie Menschen fräßen, angeblich weinen würden.

In einem Zoo filmte Kent Vliet vier Kaimane und drei Alligatoren, während sie ihre Beute verspeisten. Beides sind enge Verwandte von Krokodilen. Fünf von ihnen vergossen tatsächlich Tränen. Bei einigen sprudelte es regelrecht aus den Augen.

Vliet beobachtete, dass die Tiere beim Fressen heftig zischten und schnauften. Die Luft werde offenbar so stark durch die Nasenhöhlen gepresst, dass sich die Tränendrüsen dadurch entleeren könnten. Genauer hat der Wissenschaftler das Phänomen bislang noch nicht untersucht - zu groß die Gefahr, selber von einem Krokodil angegriffen und womöglich unter Tränen verzehrt zu werden.

16 Wieso ist Schwarzbrot schwarz?

Genau genommen ist das Brot, das wir gemeinhin »Schwarzbrot« nennen, gar nicht schwarz, sondern dunkelbraun. Meist handelt es sich um Roggenvollkornbrot, und weil Roggenmehl eine relativ dunkle Farbe hat, ist auch das Brot, das aus diesem Mehl gebacken wird, von Haus aus dunkler als etwa ein Weizen- oder ein Mischbrot.

Wesentlich beteiligt ist außerdem die sogenannte »Maillard-Reaktion«, benannt nach dem Chemiker Louis Camille Maillard (1878–1936). Er stellte Anfang des 20. Jahrhunderts in Frankreich fest, dass Aminosäuren und Zucker bei großer Hitze zu neuen Verbindungen mit neuen Eigenschaften umgewandelt werden.

Beim Brotbacken entstehen dadurch zahlreiche Röst- und Aromastoffe, die »Melanoidine« (griechisch »melas« = »schwarz«). Sie sind für den jeweils typischen Geschmack, zugleich aber auch für die mehr oder weniger intensive hell- bis tiefbraune Färbung mitverantwortlich – und stecken insbesondere in der gebräunten Kruste.

Voraussetzung sind ausreichend hohe Temperaturen: Ab 140 Grad Celsius kommt die Maillard-Reaktion, die im Übrigen auch beim Braten, Grillen und Rösten eine zentrale Rolle spielt, erst so richtig in Schwung.

Je nach Region werden in Deutschland ganz unterschiedliche Sorten »Schwarzbrot« genannt, so Günter Brack von der Bundesforschungsanstalt für Ernährung und Lebensmittel in Detmold. Wirklich »schwarz« ist letztlich nur das Pumpernickel, ein Roggenbrot aus Westfalen, das traditionell bei 105 Grad einen ganzen Tag lang in einer Dampfkammer eher »gegart« als gebacken wird. Dabei karamellisiert die im Getreide enthaltene Stärke, was diesem Brot nicht nur seinen süßlich-würzigen Geschmack, sondern auch seine tiefdunkle Farbe verleiht.

17 Wieso sieht man den Mond auch tagsüber?

Dass man den Mond auch tagsüber sehen kann, ist nicht selten, sondern ganz normal. »Selten ist nur die bewusste Wahrnehmung dieses trivialen Phänomens durch den zivilisierten Menschen in der Neuzeit«, sagt Burkhard Steinrücken, Leiter der Sternwarte Recklinghausen. Sichtbar ist der Mond am Tag aus dem gleichen Grund, weshalb wir ihn auch nachts sehen: weil er von der Sonne angeleuchtet wird.

Wann und in welcher Form der Mond zu sehen ist, hängt dabei von der jeweiligen »Phase« ab, also von der Position des Mondes zur Erde und zur Sonne, stellt Thomas Janka vom Max-Planck-Institut für Astrophysik in Garching klar. Bei Neumond steht er zum Beispiel von uns aus gesehen in Richtung zur Sonne. Deshalb sehen wir nur seine dunkle Nachtseite, er ist tagsüber also nicht sichtbar, obwohl er mit der Sonne auf- und untergeht.

Bei Vollmond stehen Sonne und Mond einander gegenüber. Der Erdtrabant geht bei Sonnenuntergang auf und bei Sonnenaufgang unter, man kann ihn am helllichten Tage also nicht sehen. Bei anderen Phasen kann man den Mond zum Teil auch lang am Tag sehen: vor Neumond zum Beispiel als schmale Sichel in der Morgendämmerung, von nachmittags bis in die Nacht hinein bei zunehmendem Halbmond.

18 Warum wird's beim Blinzeln nicht finster?

Jeder gesunde Mensch schließt 10- bis 15-mal pro Minute für jeweils etwa eine Zehntelsekunde die Augen, um sie feucht zu halten. Bei diesem »Blinzeln« wird es einen Moment lang dunkel. Normalerweise wird uns das aber gar nicht bewusst.

Wie kann das sein? Britische Forscher vom University College in London fanden es heraus. Sie stellten fest, dass im Augenblick des Blinzelns jede visuelle Wahrnehmung unterbunden wird. Das Gehirn bedient sich dafür eines kleinen Tricks. Kurz bevor sich die Augenlider schließen, wird ein von Nerven gesteuerter Mechanismus aktiviert.

Folge: Im Augenblick des Blinzelns ist die visuelle Wahrnehmung unterbrochen – wir sehen nicht schwarz.

Dass tatsächlich das Schließen der Augenlider für diesen Mechanismus verantwortlich ist – und nicht etwa die vorübergehende Dunkelheit, die beim Blinzeln entsteht –, bewies folgendes Experiment. Testpersonen steckten sich eine sehr helle Leuchtquelle in den Mund, deren Licht durch die Gaumendecke auf die Netzhaut traf. Die Augen wurden auf diese Weise konstant mit Licht bestrahlt. Zugleich setzten die Probanden eine dunkle Schutzbrille auf. Mit modernen bildgebenden Verfahren verfolgten die Wissenschaftler, welche Hirnregionen aktiv waren, wenn die Testpersonen hinter ihren Schutzbrillen blinzelten.

Ergebnis: Schon kurz vor dem Schließen der Augenlider und trotz des ständig vorhandenen Lichts brach der Nervenkontakt zu jenen Hirnarealen ab, die sonst auf visuelle Eindrücke reagieren.

Diesen Mechanismus gibt es übrigens nur bei Säugetieren. Vögel lösen das Problem des Blinzelns anders: Sie blinzeln erst mit dem einen Auge, dann mit dem anderen.

19 Woher kommt der Wind?

Letztlich ist Wind nichts anderes als bewegte Luft. Er vermittelt zwischen Warm und Kalt, zwischen hohem und niedrigem Luftdruck. Dass es den Wind überhaupt gibt, liegt an der Sonne. Denn wo sie hinstrahlt, erwärmt sich die Luft.

Warme Luft ist leichter als kalte, darum steigt sie nach oben. Das wiederum wirkt sich auf den Luftdruck aus, das heißt: auf den

Druck, der von der Masse der Luft unter Wirkung der Erdanziehung ausgeübt wird.

Wo warme, leichtere Luft nach oben steigt, entsteht ein Gebiet mit niedrigerem Luftdruck. In der Höhe kühlt sich die Luft wieder ab und sinkt zu Boden. Es entsteht ein Gebiet mit höherem Luftdruck. Die Luft ist bestrebt, die unterschiedlichen Luftdrücke auszugleichen, also strömt sie von einem Hochdruck- zu einem Tiefdruckgebiet.

Durch die Drehung der Erde wird die Luft abgelenkt, sie strömt kreisförmig um die Druckgebiete. Auf Satellitenbildern sieht man das manchmal als hübsche Wolkenspirale. Warum uns der Wind so leicht frösteln lässt? Es liegt einfach daran, dass die Wärme, die der menschliche Körper ausstrahlt und die ihn wie ein kleines Polster umgibt, vom Wind weggepustet wird.

20 Wie fix ist die Sonne?

Wer sie so majestätisch am Himmel stehen sieht, kann es sich kaum vorstellen. Aber tatsächlich bewegt sich auch die Sonne. Und das ziemlich fix.

Die Sonne umkreist das Zentrum der Milchstraße, und zwar mit einer Geschwindigkeit von etwa 225 Kilometern in der Sekunde. Astronomen haben ausgerechnet, dass sie somit stolze 237 Millionen Jahre für eine Umrundung benötigt.

Nicht zu vergessen: Die Sonne dreht sich auch noch um die eigene Achse. Dass sich etwas bewegt, kann man auch an den wandernden Sonnenflecken auf ihrer Oberfläche erkennen.

21 Warum knurrt der Magen?

Nicht immer ist Hunger der Grund für das Brummeln aus der Bauchgegend. Das Knurren entsteht, weil der Magen Nahrung verarbeitet oder verarbeiten will: Unser Verdauungsorgan ist ein sackförmiger Muskelschlauch und sehr beweglich.

Es zieht sich peristaltisch zusammen, das bedeutet, es verengt sich ringförmig an einer Stelle, und diese Verengung wandert dann Richtung Darm. Wenn der Magen voll ist, wird so der Nahrungsbrei weitertransportiert, was durchaus zu grummelnden Geräuschen führen kann.

Ist der Magen leer, sorgen Rezeptoren in seinem Inneren dafür, dass die Muskelaktivität einsetzt – ein Signal, dass es wieder Zeit für die Nahrungsaufnahme ist. Da durch den leeren Magen eine Art Hohlraum entsteht, während nur Magensaft und Luft weitergedrückt werden, ist das entstehende Brummeln dann um einiges lauter.

22 Wie speichert ein Akku den Strom?

Wenn sie Laien erklären wollen, wie ein Akkumulator, kurz Akku, und eine Batterie funktionieren, greifen die Forscher vom Fraunhofer Institut für Chemische Technologie aus Pfinztal gern zu einem Bild. Zwei Wasserbehälter sind darauf so angeordnet, dass sie auf verschiedenen Höhen stehen. Beide Behälter sind über eine Leitung verbunden. Wird nun Wasser in den oberen Behälter gefüllt, fließt es zum unteren. Mit diesem Wasserfluss kann dann

zum Beispiel ein Rad angetrieben werden. Den beiden Wasserbehältern entsprechen beim Akku oder der Batterie zwei sogenannte »Elektroden« aus unterschiedlichen Metallen, zwischen denen Elektronen hin- und herwandern können.

Das funktioniert so: Die Elektroden werden in ein elektrisch leitfähiges Medium getaucht. Die negativ geladene Elektrode (der »obere Wasserbehälter«) gibt Elektronen in das Medium ab. Die andere (also der »untere Wasserbehälter«) nimmt Elektronen auf.

Werden der Akku oder die Batterie nun in eine Taschenlampe oder ein Handy eingelegt, findet ein Ladungsausgleich statt: Die Elektronen fließen vom sogenannten »Minuspol« zum »Pluspol« – und verrichten unterwegs ihre elektrische Arbeit, indem sie zum Beispiel eine Taschenlampe zum Leuchten bringen.

Über kurz oder lang ist die negative Elektrode (der »obere Wasserbehälter«) leer. Der Chemiker sagt: »Sie hat sich aufgelöst.« Eine Batterie muss man dann ordnungsgemäß entsorgen. Der Akku kann wieder neu aufgeladen werden. Dazu wird der gesamte Vorgang umgedreht: Ein Ladegerät pumpt die Elektronen mit einer entgegengesetzten Spannung zurück in den Minuspol – den »oberen Wasserbehälter«.

Akkus wie Batterien setzen sich aus verschiedenen Metallen und Nichtmetallen zusammen, die miteinander kombiniert werden. Mit der Mischung ändern sich neben der Spannung natürlich auch die anderen Batterieeigenschaften – wie Kapazität, Strombelastbarkeit und Lagerfähigkeit. »Der Preis spielt bei der Zusammenstellung auch eine wesentliche Rolle, da einige Rohstoffe wie Lithium wesentlich teurer sind«, erklärt Christoph Rahn von der Firma Varta.

23 Wie laut ist es im All?

Auch wenn es in Science-Fiction-Filmen immer recht laut zugeht: Im Weltall kann es keine Geräusche geben. Denn die sind nur zu hören, wenn sie durch Schallwellen an unser Ohr transportiert werden.

Dazu benötigen die Schallwellen ein Medium wie Luft, um sich auszubreiten. Das Weltall ist jedoch luftleer. In dem Vakuum können sich also keine Schallwellen ausbreiten, sodass es dort auch keine Geräusche gibt.

24 Wie lange lebt die Eintagsfliege?

Sie werden ihrem Namen nicht gerecht. Eintagsfliegen leben meist nur wenige Stunden. Ihre Larven hingegen werden sehr viel älter, sie benötigen für ihre Entwicklung bis zu zwei Jahre. Auch ist dieses Fluginsekt gar keine »echte« Fliege, innerhalb der Insekten bildet es vielmehr eine eigene Ordnung, die der »Ephemeroptera« (von griechisch ephemeros = »nur einen Tag lebend«).

Kaum ist eine Eintagsfliege ihrer Larvenhaut entstiegen, hat ihr letztes Stündlein auch schon geschlagen. Dabei schlüpft, einzigartig unter den Insekten, nicht gleich die fertige Eintagsfliege, sondern zunächst eine flugfähige »Subimago«, die sich je nach Art aber schon innerhalb von Minuten zur »Imago« häuten kann, erklärt Wolfgang Wipking vom Zoologischen Institut der Uni Köln.

Dicht über dem Wasser, aus dem sie geschlüpft sind, schwirren die Männchen in Schwärmen herum. Die Weibchen werden durch den Tanz angelockt. Nach einer Paarung geben die Weibchen die befruchteten Eier direkt ins Wasser ab. Damit haben sie, wie zuvor schon die Männchen, ihre Aufgabe erfüllt – sie sterben.

Zehn Tage später – bei manchen Arten erst nach Monaten – schlüpfen aus den Eiern die Larven, in denen sich dann in einem Zeitraum von mehreren Monaten bis zu zwei Jahren die Eintagsfliegen entwickeln. Die Larven steigen an die Wasseroberfläche, die Eintagsfliegen kommen heraus, der Kreislauf beginnt von vorn.

Weltweit gibt es rund 2500 verschiedene Arten. Auch wenn das Leben der Eintagsfliege kurz ist, braucht man sich um ihren Fortbestand keine Sorgen zu machen. Die besonders bei Anglern als Köder beliebten Tiere gibt es bereits seit über 200 Millionen Jahren.

25 Weshalb vergießen Menschen Tränen?

In der Augenhöhle, seitlich über dem eigentlichen Auge, befindet sich die Tränendrüse. Von dort gelangt die Tränenflüssigkeit über feine Kanälchen zu den Tränenpunkten im nasenseitigen Lidwinkel. Mit jedem Lidschlag wird sie über die Hornhaut des Auges verteilt, die dadurch feucht bleibt und von eventuellen Fremdkörpern befreit wird.

Die Tränenflüssigkeit, die vor allem aus Wasser, Eiweiß, Salzen und ein wenig Fett besteht, enthält zudem ein Enzym, das Bakterien hemmt, sodass Krankheitskeime aus dem Auge fortgespült werden. Der sogenannte Tränen-Nasen-Gang im unteren Bereich des Auges leitet einen Teil Flüssigkeit in die Nasenhöhle weiter, wo sie zur Befeuchtung der Nasenschleimhaut dient.

Aber Tränen werden natürlich längst nicht nur zum Feuchthalten und Reinigen des Augapfels produziert. Auch bei starken Emotionen - wie Rührung, Freude oder Trauer - fließt die salzige, leicht antibakterielle Flüssigkeit aus den Augen.

Schon Charles Darwin sah darin ein Signal, das Zuwendung mobilisieren soll. Tatsächlich können bereits ganz kleine Babys weinen und so ein Verhalten provozieren, das ihnen Nahrung, Schutz und Hilfe zukommen lässt.

Weinen wirke aber auch entspannend, sagen andere Wissenschaftler. Damit diene es zur Wiederherstellung des seelischen Gleichgewichts.

Ob das Weinen von Tränen bei Emotionen tatsächlich nur dem Menschen vorbehalten ist, wagt Thomas Dietlein vom Zentrum für Augenheilkunde der Universität Köln zu bezweifeln. »Sicherlich gilt es als typisch für die Spezies Mensch, und über die Emotionen beim Tier läßt sich nur spekulieren.«

Dass Frauen mehr weinen als Männer, wird so erklärt, dass sie angeblich über weniger ausgeprägte Strategien verfügen, emotional belastenden Situationen auszuweichen. Folglich müssten sie ihr seelisches Gleichgewicht durch Weinen wiederherstellen. Fragt sich, ob das wirklich so einfach ist.

26 Warum ist die Banane krumm?

Botanisch gehört die Banane zu den Beeren. Sie entsteht an einer Staude, die wie eine Palme aussieht, und entwickelt sich in ähnlichen Trauben wie der Wein.

Ihre Wölbung bekommt die Banane ganz automatisch während der rund drei Monate dauernden Fruchtentwicklung, wie Sabine Etges vom Botanischen Garten der Universität Düsseldorf erklärt.

Zunächst wächst aus dem Stamm ein grüner Trieb voller Blüten in die Höhe. Irgendwann wird dieses Büschel der Staude zu schwer, es kippt um. Folge: Der Trieb mit all seinen Blüten hängt kopfüber in Richtung Boden.

Nun verliert das Büschel seine Blüten, und aus diesen Fruchtknoten entwickeln sich dann die kleinen Bananen, auch »Finger« genannt. Sie wachsen zunächst Richtung Boden – so wie das Büschel nun auch mal hängt.

Doch Bananen sind Sonnenanbeter, ganz automatisch zieht es sie irgendwann in die Richtung des Lichts. Also drehen sich die Einzelfrüchte erst nach außen und schließlich nach oben. So entsteht die »negativ geotropische« Form, wie der Fachmann es nennt: Die Banane wird krumm.

27 Wie viel Platz ist in der Blase?

Pro Stunde sammeln sich in der Blase eines Erwachsenen rund 60 Milliliter Urin. »Der Drang, zur Toilette zu gehen, entsteht bei Frauen meist bei einer Blasenfüllung von 250 bis 350 Millilitern«, sagt Andreas Schneider vom Berufsverband der Deutschen Urologen.

Bei Männern liegt der Wert bei 400 bis 500 Millilitern, sie haben mehr Platz für eine Blase als Frauen, sind meistens größer. Natürlich sei es, sagt Schneider, von Mensch zu Mensch verschieden, ob es ihn eher früher oder später zum nächsten WC drängt.

»Manche Menschen haben schon bei einer Blasenfüllung von 100 Millilitern das Gefühl, auf die Toilette zu müssen.« Andere reizen das maximale Fassungsvermögen aus.

Als Hohlmuskel kann sich die Blase bis zu einem gewissen Volumen dehnen, die Grenze liegt je nach Körpergröße bei 900 bis 1500 Millilitern – dann wird es aber höchste Zeit, das rettende Örtchen aufzusuchen.

28 Wie groß ist die Milchstraße?

Wie ein milchiger Pinselstrich spannt sich die Milchstraße quer über den nächtlichen Sternenhimmel. Sie besteht aus 100 bis 200 Milliarden Sternen, Planetensystemen, Gasnebeln und Staubwolken. Die Ausmaße einer solchen »Galaxie« kann man sich kaum vorstellen.

Ein wenig hilft es, die Komponenten der Milchstraße einzeln zu betrachten. Die meisten Sterne befinden sich in der »galaktischen Scheibe«. Ihr Durchmesser beträgt rund 100.000 Lichtjahre, dabei ist sie etwa 3000 Lichtjahre dick. Ein Lichtjahr ist die Entfernung, die das Licht innerhalb eines Jahres zurücklegen kann: 9,4605 Billionen Kilometer.

Ein Teil der Sterne aus der »galaktischen Scheibe« bildet mit Wasserstoff die Spiral-Arme, die mehr als 40.000 Lichtjahre lang sein können. Hier entstehen die Sterne, die sich wie das Gas um das Zentrum der Milchstraße drehen.

Im Zentrum liegt der mit Sternen dicht gesäte »Bulge«, der sich klar von der übrigen Galaxie abhebt und rund 16.000 Lichtjahre misst. Eingebettet sind Scheibe und Bulge in den »Halo«, eine Art »galaktische Atmosphäre« aus Einzelsternen, Sternhaufen und Gas. Der »Halo« misst im Durchmesser etwa 165.000 Lichtjahre.

Alles in allem ist die Milchstraße rund 300.000 Lichtjahre groß. Was das bedeutet, zeigt ein Vergleich: Wäre die Erde ein Staubkorn von der Größe eines Millimeters, würde die Entfernung zum nächsten Stern 3100 Kilometer – und der Durchmesser der Milchstraße mehr als 120 Millionen Kilometer – betragen.

29 Wie kommen die Knoten ins Kabel?

Ob Telefonschnur, Computerkabel oder Lichterkette: Dass sich diese Strippen gern verknoten, ist ein ebenso lästiges wie bislang ungeklärtes Phänomen. Auch einem Team von Forschern um den Physiker Jens Eggers von der Universität Bristol, die angetreten sind, das Geheimnis zu lüften, glückte vorerst nur ein Teilerfolg: Sie fanden heraus, dass es nichts mit der Länge der Kabel zu tun hat, wenn sie Knäuel bilden.

Auf einer gleichmäßig auf- und abrotierenden Scheibe testeten die Wissenschaftler das Knotverhalten unterschiedlich langer Ketten, wie man sie von Badewannen-Stöpseln kennt. Die Ketten wurden jeweils für eine halbe Minute auf die Scheibe gelegt, dann wurde die Platte mit hoher Beschleunigung in Vibration versetzt. Die leichte Vertiefung der Scheibe zum Zentrum hin sorgte dafür, dass die Ketten nicht herunterfallen konnten.

Ergebnis: Egal, wie lang das Kabel war – die Knotenwahrscheinlichkeit blieb immer gleich, wenn die Strippe mindestens

16 Zentimeter maß. Entscheidend für die Knotenbildung sei also nicht die Länge der jeweiligen Schnur, schlussfolgert Eggers. Es komme vielmehr auf deren Enden an.

Was man gegen die lästigen Verwirrungen tun kann? Das weiß auch Eggers noch nicht. Als Nächstes will er erst mal sein mathematisches Knoten-Modell verbessern und auch Ketten aus anderen Materialien untersuchen, um mehr über die Rolle der Elastizität bei der Knotenbildung in Erfahrung zu bringen.

30 Warum ist der Regenbogen ein Bogen?

Ein Regenbogen ist ein ziemlich komplexes Phänomen unseres Sehens. Um zu erklären, warum dieses auch noch die Form eines Bogens hat, müssen sogar Experten wie der Physiker Heinz Hövel von der Universität Dortmund etwas weiter ausholen.

Ein Regenbogen entsteht, wenn Sonnenlicht auf eine Wand aus Wassertropfen scheint. Das Licht wird dabei in den einzelnen Wassertröpfchen gebrochen und reflektiert. Unter einem bestimmten Winkel erscheint ein besonders intensiver Reflex. Diesen sieht der Mensch als Regenbogen – allerdings nur, wenn er mit dem Rücken zur Sonne auf die Regenwand blickt, denn nur dann kann er in Richtung dieses Winkels schauen.

Und nun zum Bogen: Eigentlich ist der Regenbogen gar kein Bogen, sondern ein Kreis, der sich um den Punkt genau gegenüber der Sonne bildet. Auf ebener Erde kann man den Teil des Regenbogens, der vom Betrachter aus gesehen sozusagen unter dem Horizont liegt, bloß nicht sehen, erklärt Physiker Hövel.

Vom Regenkreis bleibt nur der obere Bogen übrig. Dabei hängt es vom Stand der Sonne ab, wie viel Regenbogen zu erkennen ist: Den größten Teil sehen wir, wenn die Sonne nah am Horizont steht, also morgens oder abends. Wer den ganzen Regenkreis sehen will, der muss sich in luftige Höhen begeben.

Von einem Berg oder aus einem Flugzeug hat man den Überblick, sagt Heinz Hövel. »Man schaut von oben auf die Regentropfen und kann unter die Horizontlinie sehen.« So erscheint der Regenkreis in seiner ganzen Pracht.

31 Warum kriegt der Specht kein Kopfweh?

Schon der Gedanke, es dem Specht gleichzutun, lässt einem den Kopf schwirren. Bis zu 12.000-mal pro Tag hämmert der Vogel auf die Rinde eines Baumes ein, um nach Insekten zu suchen, sich ein Nest zu bauen oder sich einfach nur bemerkbar zu machen.

Jedes Mal muss sein Körper einen Aufprall mit dem 1200-fachen der Erdbeschleunigung ausgleichen. Das ist so, als würde ein Mensch seinen Kopf mit 26 Kilometern pro Stunde gegen eine Wand donnern.

Dass der Specht sich dabei keine Kopfschmerzen, keine Gehirnerschütterung oder Schlimmeres zuzieht, liegt unter anderem an seinem besonders dicken Schädel, dessen schwammartige Knochen wie Stoßdämpfer funktionieren.

Außerdem hat der Vogel starke Kiefermuskeln, die sich Millisekunden vor dem Aufprall zusammenziehen. Dadurch leiten sie die Wucht des Schlags vom Gehirn weg und um den Kopf herum.

Für die Entdeckung dieses raffinierten Mechanismus bekamen die US-Forscher Iwan Schwab und Philip May aus Kalifornien im Jahre 2006 den »Ig-Nobelpreis«. Er ist zwar nicht so bedeutend wie das Original aus Stockholm, hat aber längst Kultcharakter.

Prämiert werden Arbeiten, »die erst zum Lachen, dann zum Nachdenken« anregen. Die Regie liegt bei der Harvard-Universität in Boston und dem wissenschaftlichen Satiremagazin »Annals of Improbable Research«.

32 Wieso lieben wir, was wir lieben?

Was genau dazu führt, dass der Mensch sich verliebt oder zumindest eine Zuneigung für bestimmte Personen, Tiere oder auch Dinge entwickelt, konnten Wissenschaftler trotz aller Bemühungen (noch) nicht herausfinden. Entdeckt haben sie aber interessante Details. Studien haben zum Beispiel ergeben, dass das Sprichwort »Gleich und Gleich gesellt sich gern« tatsächlich stimmt.

Ob wir jemanden mögen, hat auch etwas mit dem eigenen Selbstbild zu tun. Wie viel eine positive Selbsteinschätzung dabei ausmacht, zeigte Eva Walther, Professorin für Sozialpsychologie an der Universität Trier, mit einem einfachen Test, bei dem sich vierzig Probanden selber beurteilen sollten.

Die Auswertung wurde manipuliert. Die eine Hälfte erhielt ein sehr positives, die andere ein negatives Ergebnis. Danach sollten beide Gruppen andere, ihnen unbekannte Personen bewerten. Diejenigen Probanden mit dem »positiven« Selbstbild äußerten sich abfälliger als jene mit dem »negativen« Selbsttest. Vermuteter Grund: Die Teilnehmer wollten ihre positive Selbsteinschätzung gegenüber den anderen Personen ausbauen oder zumindest behaupten.

Und warum mögen wir unseren Hund oder unsere Katze so ganz besonders? »Sie mögen Ihre Katze, weil es Ihre Katze ist«, erklärt Eva Walther. Hier schlage der sogenannte »Besitzer-Effekt« durch: Weil man sich selber mag, mag man auch Dinge, die zu einem gehören.

33 Wieso ist die Elf eine Elf?

Aus zehn Feldspielern besteht eine Fußballmannschaft, im Prinzip könnte man auch mehr oder weniger Spieler aufstellen. Nur fänden die Zuschauer das Spiel dann nicht mehr so interessant. Zu diesem Schluss kam Metin Tolan, Physiker an der Universität Dortmund. Er hat sich im Vorfeld der Fußball-Weltmeisterschaft 2006 mit der Wissenschaft des Fußballs im Allgemeinen und speziell auch mit der optimalen Anzahl der Spieler befasst.

Besonders zwei Werte spielten bei der Mannschaftsgröße eine Rolle, meint Tolan: »Das ist zum einen die Zeit, die ein gegnerischer Spieler braucht, um zum ballführenden Spieler zu kommen.« Wäre diese Zeit zu lang und damit der Abstand zwischen zwei Spielern zu groß, käme es kaum zu richtigen Zweikämpfen, das Spiel würde schnell langweilig.

Zum anderen muss aber auch diejenige Zeit in Rechnung gestellt werden, die ein Spieler braucht, um einen Ball anzunehmen – und sich zu überlegen, wohin er weiterspielen will. »Diese

Zeit darf nicht zu klein sein, sonst kommt kein geordnetes Fußballpiel auf.«

Hier kommt die Wissenschaft zum Zug. Tolan fand heraus, dass beide Zeiten im Durchschnitt bei jeweils drei Sekunden liegen müssen, damit die Zuschauer das Spiel am schönsten finden. Setzt man die Werte zueinander in Beziehung, ergibt sich unter dem Strich: Zehn Mann gehören auf den Platz. Zählt man den Torwart hinzu, kommt man auf eine Elf.

34 Wie schwer ist die Erde?

Eine Sechs mit 21 Nullen. Oder: 6000-mal eine Milliarde Mal eine Milliarde Tonnen. Oder: Sechstausend Trillionen Tonnen. Das Gewicht unseres Planeten kann man sich kaum vorstellen.

Physiker berechneten es mit Hilfe der sogenannten Gravitationskonstante, die sich aus der gegenseitigen Anziehungskraft von zwei massereichen Körpern mathematisch herleiten lässt. Die Briten Isaac Newton (1643–1727) und Henry Cavendish (1731–1810) spielten hier eine zentrale Rolle.

Und die Erde wird immer schwerer. 40.000 Tonnen Staub rieseln pro Jahr auf sie hernieder, fand ein deutsch-amerikanisches Forscherteam heraus. Er stammt von Meteoriten und anderen kosmischen Brocken, die größtenteils noch in der Atmosphäre verglühen. Man sieht diesen Staub in der Nacht manchmal sogar mit bloßem Auge – als Sternschnuppe. Trotzdem steht nicht zu befürchten, dass sich die Erde durch diese Zufuhr von kosmischem Staub etwa ihre schöne Figur ruinieren könnte.

Das belegt folgender Vergleich: Übertragen auf den Menschen, würden wir in hundert Jahren ein Staubkörnchen an Gewicht zulegen. Ein Staubkörnchen mehr oder weniger? Damit lässt sich leben.

35 Wo ist der Himmel am blausten?

Zunächst einmal ist es die Luft, die den Himmel blau färbt, genauer: Es sind die darin enthaltenen Sauerstoff- und Stickstoffmoleküle. Diese Partikel sorgen dafür, dass das Sonnenlicht, das Richtung Erde unterwegs ist, je nach Wellenlänge gestreut wird.

Dazu muss man wissen, dass dieses Licht dem Menschen zwar weiß erscheint, in Wirklichkeit aber aus unterschiedlichen »Spektralfarben« besteht, man spricht auch von den »Regenbogenfarben«: Rot, Orange, Gelb, Grün, Blau, Violett. Die Luftteilchen zerlegen das Licht in genau diese Bestandteile.

Die blauen Anteile des Lichts sind kurzwellig und werden stärker reflektiert als etwa das langwelligere rote Licht. Folge: Der Himmel erscheint uns blau. Besonders intensiv ist dieses Blau, wenn die Luft extrem sauber und trocken ist, in Mitteleuropa ist das oft bei Kaltlufteinfluss der Fall.

Und der schönste blaue Himmel? Er spannt sich über Rio de Janeiro in Brasilien – das stellte eine junge Schottin fest. Im Auftrag einer Reisegesellschaft richtete sie an 20 Orten rund um den Globus ein Spektrometer in den Himmel. Die Daten wurden an das Nationale Britische Physiklabor (NPL) übertragen, das die Farbwertanteile sowie die Reinheit und Intensität der eingeschickten Blautöne auswertete. Auf den Plätzen zwei und drei landeten die

Bay of Islands in Neuseeland und der Ayers Rock in Australien. Der Himmel über Deutschland fehlt im Ranking. Die Firmament-Forscherin nahm ihn nicht unter die Lupe.

36 Warum ist Wasser nass?

Wasser ist nass, weil der Mensch es »nass« nennt. So lernen wir es schon als Kinder. Wasser ist etwas ganz Besonderes, nur in Kontakt mit Wasser haben wir ein typisches »nasses« Gefühl. Alkohol, Öl oder auch Fruchtsaft empfinden wir zwar ebenfalls als flüssig, aber als »nass« würden wir sie nicht bezeichnen.

Viele Wissenschaftler machen den besonderen Aufbau des Wassermoleküls dafür verantwortlich, dass Wasser sich anders verhält als andere Flüssigkeiten. Das Molekül bildet eine Art »Y« – »oben« liegen die beiden positiv geladenen Wasserstoffatome, »unten« das negativ geladene Sauerstoffatom.

Da sich entgegengesetzte Ladungen anziehen, docken die Moleküle aneinander an. Die sogenannten »Wasserstoffbrückenbindungen« sorgen für stabile Verbindungen. Fließt Wasser über unsere Haut, breitet es sich nicht gleichmäßig, sondern netzartig aus, es perlt ab, nur wenige Tropfen bleiben zurück.

Aber ist Wasser deswegen »nass«? Und ist die Wasserstoffbrückenbindung dafür wirklich der einzige Grund? Das sei eher eine philosophische Frage, findet ein Physik-Professor, der in diesem Zusammenhang namentlich lieber nicht genannt werden möchte. »Wasser ist nun mal nass, weil es flüssig ist«, sagt er. Der daraufhin konsultierte Philosoph, Andreas Speer von der Kölner Univer-

sität, bringt es auf den Punkt: »Nass bezeichnet in unserer Alltagssprache den flüssigen Aggregatzustand von Wasser.« Alles klar?

37 Warum quaken Frösche?

Bis zu 100 Dezibel erzeugt ein männlicher Frosch, wenn er mit einem deutlichen »Quuaak« sein Revier abstecken und Nebenbuhler verjagen will. Dem fortpflanzungswilligen Froschmann bleibt gar nichts anderes übrig, als ordentlich Radau zu machen.

Mit optischen Reizen kann er kein weibliches Amphib begeistern – die meisten Frösche sind nachtaktiv. Auch Düfte würden nicht helfen, ein hüpfendes Tier hinterlässt nun mal keine eindeutig nachzuverfolgende Spur.

Also nutzt das männliche Wirbeltier seine Stimme. »Wer am lautesten quakt, bekommt die meisten Frauen«, sagt Philipp Wagner, Amphibien-Experte am Zoologischen Forschungsmuseum Alexander Koenig in Bonn. Und ein lautes »Quak« ist doppelt nötig: Die Zeit, in der ein Froschweibchen befruchtet werden kann, ist zumeist sehr kurz – da müssen die Geschlechter schon schnell zusammenfinden. Daher quakt auch keine Froschart wie die andere – obwohl wir solche Unkenrufe kaum voneinander unterscheiden können.

Mancher Frosch kommt bei so viel Quakerei aber auch schon mal durcheinander und verwechselt Hubschrauber oder sogar ein Flugzeug mit einem Konkurrenten. Deren Fluglärm liegt nämlich dummerweise im selben Frequenzbereich wie der Froschgesang, sodass der arme grüne Hüpfer versuchen muss, stimmlich gegen den Motorenlärm anzukommen.

38 Was ist der astronomische Sommer?

Viele meinen, der Abstand zwischen Erde und Sonne hätte etwas mit dem Sommeranfang zu tun. Weit gefehlt. Am nächsten ist die Sonne der Erde mit 147,1 Millionen Kilometern Anfang Januar. Im Juli, wenn es bei uns richtig heiß wird, sind Erde und Sonne mit einem Abstand von 152,1 Millionen Kilometern sogar am weitesten voneinander entfernt.

Tatsächlich spielt beim astronomischen Sommeranfang die Position der Erde zur Sonne die entscheidende Rolle. Infolge der leicht geneigten Erdachse treffen die Sonnenstrahlen unseren Planeten mal mehr auf der Nord- und mal mehr auf der Südhalbkugel.

Der astronomische Sommer beginnt, wenn die Sonne senkrecht über einer bestimmten Linie, dem »Wendekreis«, steht. Das ist ein Breitengrad, der für die Nordhalbkugel 2600 Kilometer nördlich des Äquators verläuft. Die Sonne erreicht diese Position am 21. Juni. Der südliche Wendekreis verläuft 2600 Kilometer unterhalb des Äquators. Die Sonne erreicht ihn am 21. oder 22. Dezember. Dann beginnt in Australien der astronomische Sommer – während wir frieren müssen.

39 Wie macht die Biene Honig?

Rund 70 Milligramm wiegt eine normale Biene, maximal noch einmal so viel Blütennektar kann sie über ihren Saugrüssel in sich aufnehmen. Die süße Pflanzenflüssigkeit landet im Honigmagen, auch »Honigblase« oder »Sozialmagen« genannt. »Der Kirschbaum macht es der Biene besonders einfach. Etwa 30 Milligramm Nektar stecken in einer einzelnen Blüte, da ist die Biene schnell wieder auf dem Rückweg zum Stock«, sagt Jürgen Tautz, Bienenforscher am Biozentrum Würzburg. Beim Apfelbaum sind es pro Blüte gerade mal zwei Milligramm – ein bescheidener Lohn dafür, dass eine Biene, während sie den Nektar saugt, die Blüte gleichzeitig auch noch bestäubt.

Irgendwann hat die sogenannte »Sammelbiene«, nachdem sie von Blüte zu Blüte geflogen ist, genug Zuckerwasser beisammen. Bienen sind Meister der Arbeitsteilung. In den Bienenstock zurückgekehrt trifft sich die Sammelbiene mit der »Nektarabnehmer«-Biene. »Die Bienen küssen sich, dabei wird der Honig aus dem Magen der einen in den der anderen geschoben«, erklärt Tautz. Letztlich sei Honig nichts anderes als »Bienenkotze«, sagt der Zoologe – eine drastische Formulierung, die er sonst eigentlich nur verwendet, wenn Jugendliche seinen Bienenstock besichtigen.

Damit ist der Honig aber noch nicht fertig. Die Nektarabnehmer-Biene sucht sich im Randbereich des Stocks eine freie Wabe. Dort lädt sie den Nektar ab, den sie von der Sammelbiene übernommen hat. Andere Bienen setzen sich an den Rand der Wabe und erhitzen den Nektar durch ihre Körperwärme. Dabei verdampft ein großer Teil des darin enthaltenen Wassers, der Honig wird fest. So gesehen ist Honig im Prinzip nichts anderes als eingekochter Nektar.

Ist die Honigproduktion so weit vorangekommen, wird die Wabe mit einem Deckel aus Bienenwachs verschlossen. Der Honig wird gewissermaßen für den Winter eingekellert, dient der Biene als Energiereserve für kalte Zeiten – zumindest das, was der Imker ihr übrig lässt. Jede Biene, die den Nektar in sich aufgenommen hat, gibt automatisch auch bestimmte Eiweiße, Spurenelemente und antibakterielle Wirkstoffe an die Flüssigkeit weiter. Jürgen Tautz: »Deshalb ist Honig auch so gesund.« Sogar als Wundheilmittel hat man ihn inzwischen wiederentdeckt.

40 Wie leuchtet das Glühwürmchen?

Sie tanzen als leuchtende Punkte durch warme Sommernächte, mit besonderer Vorliebe über Wiesen und an Waldrändern: Glühwürmchen sind Meister eines biochemischen Prozesses, der »Biolumineszenz«.

Am Hinterteil haben sie eine Art Leuchtorgan, eine hauchdünne Chitinhaut. Hier können sie den Naturstoff Luciferin mit Sauerstoff und ATP, einem Energielieferanten im Zellstoffwechsel, reagieren lassen, sobald das Enzym Luciferase zugesetzt wird.

Dabei entsteht Energie, die als Licht abgegeben wird. Übrigens: Meist sind es weibliche Glühwürmchen, die leuchten. Sie wollen damit ein Männchen anlocken. Haben sich zwei Tiere gefunden, knipsen sie ihr Licht aus und paaren sich im Dunkeln.

41 Wie groß können Menschen werden?

Viele Faktoren bestimmen, ob ein heute geborenes Baby einmal 1,60 Meter oder sogar 1,80 Meter groß sein wird. »Die grundlegende Information steckt in den Genen«, sagt Eckhard Schönau von der Uni-Kinderklinik Köln: »Große Eltern kriegen eher große, kleine eher kleinere Kinder.«

Die tatsächliche Endgröße hängt aber auch von den Lebensumständen des jeweiligen Menschen ab. Je besser es Kindern und Jugendlichen geht, etwa im Hinblick auf Ernährung und Umweltbelastungen, desto besser entwickeln sie sich – und desto größer werden sie. Die stärksten Wachstumsschübe bringen Kinder im ersten Lebenshalbjahr und in der Pubertät hinter sich. Krankheiten und starker Stress können sie weit im Wachstum zurückwerfen.

Hierbei spielen auch Hormone eine Rolle. »Das wichtigste ist das Wachstumshormon, es wird in der Hirnanhangdrüse produziert und gelangt von dort ins Blutgefäßesystem«, erklärt Schönau. »Ist dieser Kreislauf gestört, beeinflusst das die körperliche Entwicklung deutlich.«

John Komlos, Wirtschaftshistoriker aus München, erforschte Zusammenhänge mit der wirtschaftlichen Entwicklung. Anfang des 19. Jahrhunderts seien die Menschen zum Beispiel kleiner geworden, als die industrielle Revolution viele Industriearbeiter verelenden ließ. »Seit dem Wirtschaftswunder sind die Deutschen in die Höhe geschossen.« Im Verlauf des 20. Jahrhunderts wuchs der deutsche Durchschnittsmann um 18 Zentimeter.

Auch wenn wir größer werden: Wachstumsforscher, »Auxologen« genannt, stimmen darin überein, dass es eine absolute Grenze des menschlichen Wachstums gibt, auch weil am oberen Ende der Größenskala die Gesundheitsrisiken wieder zunehmen. »Irgendwann ist Schluss«, sagt Komlos. Wahrscheinlich wird das bei Männern im Durchschnitt bei 1,85 Metern der Fall sein, bei Frauen bei 1,70 Metern.

Doch einzelne Menschen ragen auch weit über den Durchschnitt hinaus. Leonid Stadnik, ein ehemaliger Tierarzt aus der Ukraine, bringt es auf 2,57 Meter. Seit August 2007 führt ihn deswegen das Guinness-Buch der Rekorde als größten Menschen der Welt. Er löste Bao Xishun aus China ab, der mit 2,36 Metern deutlich kleiner war. Stadnik begann im Alter von 14 Jahren nach einer Hirnoperation überdurchschnittlich zu wachsen.

42 Warum ist der mittlere Finger immer am längsten?

Zunächst einmal: Es ist gar nicht so, dass bei allen Primaten, zu denen auch der Mensch gerechnet wird, der dritte Finger am längsten ist. So haben manche Lemuren, das sind die kleinen grauen Affen mit dem hübschen geringelten Schwanz, einen längeren vierten Finger.

Im Übrigen denken die Menschen schon seit über 100 Jahren über die Länge ihrer Finger nach. Allgemein wird angenommen, dass sich die menschliche Hand im Laufe der Evolution zu einem »Universalwerkzeug« herausgebildet hat, berichtet der Göttinger Anthropologe Bernhard Fink.

Weniger das Hangeln von Ast zu Ast als die gezielte Nutzung der Hand im Alltag könne zur Folge gehabt haben, dass sich unterschiedliche Fingerlängen ausbildeten. »Ich würde vermuten, dass man zum Beispiel mit kürzerem Zeige- und Ringfinger und langem Mittelfinger einen Speer besser stabilisieren und werfen kann«, meint Fink. Diese Handhaltung wird auch »Drei-Punkte-Feingriff« genannt.

Ähnlich sieht es der Kölner Anatomieprofessor Klaus Addiks. Der dritte Finger sei, da er sozusagen die Mittellinie der Hand bilde, »der prominenteste Finger zum Tasten und Greifen«, die Fingerlänge habe sich am Greifvorgang orientiert.

Richtig berühmt wegen der Länge seines Mittelfingers ist der Aye-Aye, ein Affe aus Madagaskar, auch »Fingertier« genannt. Nachts pocht er gegen die Rinde von Bäumen, um festzustellen, wo sich eventuell Insektenlarven befinden. Wo es seine Beute vermutet, reißt das Tier die Rinde mit den Zähnen weg und holt die Käfer heraus - mit dem Mittelfinger.

43 Wie wird Schlagsahne fest?

Am Anfang der Sahneproduktion steht die Milch - eine Emulsion von Fettkügelchen in einer wässrigen Flüssigkeit. Die winzigen Fettkügelchen sind von einer Membran aus Proteinen und Lipiden umgeben. In einer Zentrifuge wird zunächst der Rahm mit den darin enthaltenen Fettkügelchen von der Magermilch abgetrennt. Und was geschieht nun, wenn man die Sahne schlägt?

Zum einen wird Luft aus der Umgebung in der Sahne eingeschlossen, ihr Volumen erhöht sich so auf mindestens das Doppelte. Zum anderen werden Teile der Membran, von der die Fettkügelchen umgeben sind, durch das Schlagen der Sahne zerstört.

Bei 5 bis 10 Grad Celsius funktioniert das besonders gut. Denn dann liegt das in der Sahne enthaltene Fett zu einem großen Teil in Form von Kristallen vor. Die Kristallbildung innerhalb der Fettkugel verringert die Bindungskräfte zwischen Fett und umgebender Membran, die Kugel wird instabiler. Wird die Sahne geschlagen, können die Fettkristalle die Membran besser aufbrechen.

Dann kommen wiederum die in die Sahne eingeschlagenen Luftblasen zum Zug. Sie werden von verschiedenen Proteinen, die ebenfalls in der Milch schwimmen, stabilisiert – mit der Folge, dass sich Fettkugeln, die schon von ihrer Membran befreit wurden, anlagern können.

»Gleichzeitig verkleben benachbarte membranfreie Fettkugeln miteinander, gefördert durch noch vorhandenes flüssiges Fett«, erklärt Wolfgang Hoffmann, Milchtechnologe an der Bundesforschungsanstalt für Lebensmittel in Kiel. Je höher der Fettgehalt einer Sahne, desto fester wird auch der beim Schlagen gebildete Schaum, weil mehr Fett zur Stabilisierung und Vernetzung der Luftblasen zur Verfügung steht.

44 Wie isst ein Regenwurm?

Ein Regenwurm hat keine Augen. Dennoch schnappt er sich zielsicher ein herumliegendes Blatt oder einen Zweig, um dann mit seiner Beute wieder in den Tiefen des Erdreichs zu verschwinden. Wie macht er das, wo er doch nicht sehen kann?

»Vielleicht sehen Regenwürmer nicht, was sie tun. Aber ihre mechanischen und chemischen Sinne sind sehr gut ausgebildet«, berichtet Stefan Schrader vom Institut für Agrarökologie der Bundesforschungsanstalt für Landwirtschaft (FAL) in Braunschweig. Seit 18 Jahren erforscht Schrader die ökologische Funktion von Bodentieren, insbesondere Regenwürmern.

Die für die Nahrungssuche nötigen Sinneszellen sind über die gesamte Körperoberfläche des Wurms verteilt. Kommt ein Regenwurm wie der hierzulande sehr verbreitete Große Tauwurm (»Lumbricus terrestris«) an die Oberfläche, weil er Hunger hat, ragt er zu etwa einem Drittel aus seinem Gang heraus. Mit seinem mechanischen Sinn tastet er kreisförmig um die Öffnung herum. Dies tut er so lange, bis er etwas Interessantes entdeckt.

Ob es sich dabei um etwas Genießbares handelt oder nicht, nimmt der Regenwurm mit den Sinneszellen am vorderen Körperende – man kann es durchaus als Kopf bezeichnen – und in der Mundhöhle wahr. Die Mundöffnung ist bis zu einem gewissen Grad dehnbar und sehr muskulös. Handelt es sich um essbares pflanzliches Material, wie Laub oder Ernterückstände, packt der Wurm zu und zieht das Material in seinen Gang. Manchmal frisst er es gleich, manchmal auch erst später.

45 Warum singen Vögel?

Schon früh am Morgen sind sie nicht zu überhören: Vögel haben einen natürlichen Drang zur Kommunikation. Die Männchen singen allerdings auch, um ihr Revier abzugrenzen. Dem potenziellen Nebenbuhler teilen sie mit, dass dieses Gebiet besetzt ist – und es hier nichts zu holen gibt.

Dabei gilt: Je kräftiger und vielfältiger der Gesang, desto klarer die Botschaft: »Ich, Piepmatz, bin gesund, kräftig und erfahren.« Dringt ein Konkurrent ein, der sich ebenfalls durch Zwitschern bemerkbar macht, lockt das den eigentlichen Revierbesitzer an. Es kommt zu Imponiergehabe, kleineren Scharmützeln, mitunter zu regelrechten Kämpfen.

Ein weiterer Grund ist natürlich die Balz, das Vogelmännchen wirbt mit seinem Gezwitscher um ein möglichst attraktives Weibchen. Eine kraftvolle Stimme und ein besonders ausgeklügeltes Repertoire teilen der Auserkorenen mit: »Ich bin gesund und genetisch bestens ausgestattet.« Vögel, die krank oder von Parasiten befallen sind, singen weniger kräftig und differenziert, sie haben auch weniger Ausdauer, sodass die Weibchen aus der Stimme herleiten können, ob sie sich mit ihnen einlassen wollen oder nicht.

Nicht zum eigentlichen Gesang zählen Warnrufe, wie sie viele Tiere einsetzen, um Artgenossen vor Gefahren zu warnen. Die Amsel beispielsweise nutzt zwei verschiedene Warnrufe: einen für Boden- und einen für Luftfeinde.

46 Warum hat ein Tag 24 Stunden?

Zwei mal zwölf Stunden sind ein Tag, 60 Minuten eine Stunde, 60 Sekunden eine Minute. Die dieser Einteilung ursprünglich zugrunde liegenden Zahlen 12 und 60 waren im alten Babylon heilig, noch heute werden sie zur Unterteilung unserer Zifferblätter genutzt.

Während die Einteilung des Tages in 24 Stunden willkürlich erfolgte, lassen sich andere von astronomischen Begebenheiten ableiten: So dreht sich beispielsweise die Erde nicht nur in 24 Stunden einmal um ihre eigene Achse, sondern zugleich auf einer leicht ellipsenförmigen Bahn auch noch um die Sonne.

Die Zeit, die unser Heimatplanet dafür benötigt, nennt man ein »Jahr«. Genau genommen sind es 365,25 Tage.

47 Wie schlafen Pflanzen?

Sie fallen zwar nicht jeden Abend in einen träumerischen Zustand wie der Mensch, aber auch Pflanzen kennen eine Art Ruhezustand. Wie beim Menschen sorgen Hormone für die Anpassung an Umweltbedingungen. So stellen Pflanzen durch den nächtlichen Lichtmangel zum Beispiel die Photosynthese ein.

Eine andere Form des Pflanzenschlafs ist der »Nacht-Modus«, man kann ihn bei Bohnen und Winden beobachten. Diese Pflanzen falten ihre Blätter in den dunklen Stunden zusammen, erklärt der Molekularbiologe Maarten Koornneef vom Max-Planck-Institut für Züchtungsforschung in Köln. Schon Charles Darwin vermutete, dass Pflanzen damit ihr Laub vor den niedrigeren Nachttemperaturen schützen. Im tropischen Regenwald können Pflanzen mit Hilfe solcher zusammengeklappter Blätter auch Wasser auffangen.

Die »Samen-Ruhe«, von Fachleuten »Dormanz« genannt, könne ebenfalls als eine Art Pflanzenschlaf betrachtet werden, meint Koornneef, der dieses Phänomen seit rund zwei Jahren erforscht. »Sind die Bedingungen für einen Keim, einen Spross oder eine Knospe nicht optimal – ist der Frühling etwa zu trocken, zu nass oder zu kalt –, warten die Gewächse, bis die Zeiten wieder besser geworden sind.«

Ein stark reduzierter Stoffwechsel macht die gewollte Entwicklungsverzögerung möglich. Koornneef: »Wir wollen heraus-

finden, welche Pflanzengene für dieses Phänomen verantwortlich sind.« Könnte der Niederländer den geheimen Kode der »Samen-Ruhe« knacken, hätte das Folgen für die Landwirtschaft. »Wenn man weiß, wie eine Pflanze ihr Samenwachstum steuert, könnte dies in der Züchtung angewendet werden und damit auch zu besseren Ernten führen.«

48 Wie viele Menschen lebten jemals auf der Erde?

Der römische Kaiser Augustus war einer der Ersten, die sich Gedanken über die Weltbevölkerung machten. So erteilte er den Befehl, »dass der ganze Erdkreis sich schätzen ließe«, wie es in der Weihnachtsgeschichte heißt. Leider ist das Ergebnis dieses frühen Zensus nicht bekannt. Lückenhaft sind auch unsere Kenntnisse über die Weltbevölkerung im Mittelalter.

Diese Datenlage macht es den Statistikern schwer, die Frage nach der Anzahl der Menschen, die jemals auf der Erde lebten, exakt zu beantworten. Die Zahl lässt sich jedoch schätzen und mit komplizierten Formeln berechnen. Amerikanische Forscher vom »Population Reference Bureau« (PRB) in Washington, dem US-Büro für Bevölkerungsforschung, haben es versucht. Zu diesem Zweck setzten sie erst einmal elf Eckpunkte der Menschheitsgeschichte fest – von 50.000 v. Chr. über 1200 n. Chr. bis ins Jahr 2006.

Mit Hilfe von zahlreichen Historikern und Statistikern wurde dann bestimmt, wie viele Menschen zum jeweiligen Eckpunkt gelebt haben – und wie viele zwischen den verschiedenen Messpunkten geboren worden sein dürften.

Zum Beispiel: Geschätzt wird, dass im Jahre 8000 v. Chr. fünf Millionen Menschen lebten. Im ersten Jahrhundert nach Christus waren es 300 Millionen. In den 9000 Jahren dazwischen kamen insgesamt 46 Milliarden Menschen zur Welt. 1850 lebten 1,2 Milliarden Menschen auf unserem Planeten, derzeit rechnet man mit rund 6,4 Milliarden.

»Es ist sehr schwierig, die Entwicklung einzuschätzen«, sagt Carl Haub vom PRB. »Sind Bevölkerungen bis zu einem gewissen Level angewachsen und dann durch Hungersnöte oder einen Klimawandel wieder geschrumpft? War bei bestimmten Gruppen der Anstieg kontinuierlich?«

Die amerikanischen Weltbevölkerungs-Zähler beschlossen, von einem mehr oder weniger kontinuierlichen Anstieg auszugehen, rechneten den Verlust durch historisch nachgewiesene Epidemien wie die Pest aber mit ein. Zum Schluss wurde alles zusammengezählt.

Das Ergebnis ist eine gewaltige Zahl mit zwölf Stellen: Von 50.000 v. Chr. bis Juli 2006, so das PRB, lebten insgesamt 107 Milliarden Menschen auf der Erde.

49 Warum donnert der Donner?

Dass es überhaupt zu einem Gewitter kommen kann, liegt am Zusammentreffen unterschiedlich temperierter Luftmassen. Zum Beispiel beim Sommergewitter: Warme Luft steigt nach oben. Trifft sie dort, in der höheren Atmosphäre, auf viel kältere Luft, bildet sich schnell eine mächtige Wolke. Man erkennt sie oft schon von weitem an der Amboss-Form als eine gefährliche Gewitterwolke.

In der Wolke schwirren Regentropfen, Eiskristalle, Schneegriesel und Hagelstückchen in starken Auf- und Abwinden heftig durcheinander. Dabei entstehen durch die Reibung kleine elektrische Ladungen, die sich in bestimmten Teilen der Wolke sammeln. Zwischen dem negativ und dem positiv geladenen Wolkenbereich sowie zwischen Wolke und Erdboden baut sich eine immer größere elektrische Spannung auf. Die Spannung wächst so stark, dass es irgendwann zu einer Art Kurzschluss kommt: Es blitzt.

Dieser Ausgleich erfolgt oft als »Wolkenblitz«, das heißt zwischen zwei Wolken oder unterschiedlich geladenen Wolkenteilen. Manchmal entlädt sich die Spannung aber auch als Erdblitz zwischen Wolke und Boden. Der eigentliche Blitzkanal ist dabei nur etwa fingerdick, was man an Bäumen, die vom Blitz getroffen wurden, manchmal recht gut erkennen kann.

Nun zum Donner: Die Luft im Blitzkanal erhitzt sich innerhalb von Sekundenbruchteilen auf rund 30.000 Grad Celsius, dadurch dehnt sie sich explosionsartig aus. Ähnlich einem Peitschenknall entsteht eine akustische Schockwelle, die sich kugelförmig ausbreitet – der Donner. Dazu Gerhard Lux vom Deutschen Wetterdienst in Offenbach: »Das Donnergrollen entsteht, weil die Schockwelle zwischen dem Boden und den unterschiedlich temperierten Luftschichten in der Höhe gebrochen und immer wieder reflektiert wird – sozusagen eine Art Echo. Je weiter weg die Entladung stattfindet, desto länger dauert das sich überlagernde Grollen an.«

Gibt es auch Blitze ohne Donner? Normalerweise nein. Wolkenblitze hört man sehr oft nicht, weil der Schall den Boden gar nicht erreicht oder weil das Gewitter weit weg ist. Dann spricht man von »Wetterleuchten«.

50 Wozu gibt es Quallen?

Sie bestehen zu 99 Prozent aus Wasser, schimmern und leuchten in unzähligen Farben. Mit ihren teils meterlangen Tentakeln bewegen sie sich geräuschlos durchs Meer. Werden Quallen allerdings an den Strand gespült, ist es mit der Anmut vorbei. Dann sind sie nur noch grau, platt und schleimig.

Der Engländer spricht von »Gelee-Fischen«, der Franzose vom »Gelee des Meeres«. Mit den Nesselzellen an ihren Tentakeln in Berührung zu kommen kann wegen eines darin lauernden Gifts schmerzhaft sein. Treten Quallen in Massen auf, können sie zur Plage werden. Wozu also sind sie gut?

»Quallen sind ein ganz normaler Bestandteil natürlicher Lebensräume«, sagt Kristina Barz vom Alfred-Wegener-Institut für Polar- und Meeresforschung in Bremerhaven. Seit rund 700 Millionen Jahren gibt es die Glibbertiere schon. Sie sind fest im Nahrungsnetz verankert, fressen Plankton, Fische, Wasserflöhe oder Garnelen - und werden ihrerseits von Fischen gefressen.

Manche Tiere könnten ohne eine Qualle gar nicht leben. Einige Meeresschildkröten und manche Fischlein wohnen unter einer Qualle. In der Nordsee haben sich zum Beispiel Feuerqualle und Blauer Wittling zusammengetan. Durch die Überfischung fielen natürliche Gegner weg, zugleich hat das wärmer werdende Meerwasser die Entwicklung von Quallen noch begünstigt.

Japanische Forscher haben aber auch schon eine Idee, wie man die Unmengen von Quallen sinnvoll entsorgen könnte, die neuerdings an vielen Küsten landen. Sie isolierten aus dem Glibber eine Substanz namens »Mucin« - einen wertvollen Zusatzstoff für Kosmetika, Nahrungsmittel oder Medikamente. Bislang gewinnt man dieses Mucin aus Rindern und Schweinen. Aber warum eigentlich nicht aus Quallen?

51 Warum ist das Meer so schön blau?

Strahlend schön sehen die Südsee oder auch das Mittelmeer aus. Während es die Menschen in der Urlaubszeit immer wieder in die funkelnden blauen Fluten zieht, ist es den kleinsten Meeresbewohnern wie dem Plankton dort schnell viel zu warm.

Die Folge: Das Wasser bleibt frei von allzu vielen Schwebstoffen, es ist nährstoffarm, dafür aber klar. So kann das Sonnenlicht ungehindert auf die einzelnen Wassermoleküle scheinen. Die wiederum haben die Eigenschaft, die blauen Bestandteile des Lichts am stärksten zu streuen, während die roten, gelben und grünen verschluckt werden.

Ergebnis: Der Mensch sieht schönes blaues Wasser. In der sehr viel kälteren Nordsee oder im Atlantik hingegen fühlt sich das Plankton richtig wohl. Dort ist das Wasser biologisch gesehen sehr aktiv. Viele Schwebstoffe sind unterwegs.

Sie machen das Wasser trüb und streuen das Sonnenlicht vollkommen anders als klares Südseewasser. Die Folge: Uns erscheint das Meer grau, bräunlich oder grün.

52 Wie viel kann ein Mensch trinken?

Etwa eine Woche kann der Mensch ohne Wasser überleben, nach und nach kommen alle wichtigen Körperfunktionen zum Erliegen - mit tödlichen Folgen. Der Mensch kann aber nicht nur zu wenig, er kann auch zu viel trinken.

Vor nicht langer Zeit starb eine 28-jährige Amerikanerin. Sie hatte an einem Wett-Trinken teilgenommen. Sieger sollte sein, wer die meiste Flüssigkeit zu sich nehmen konnte, ohne auf die Toilette zu müssen.

Wenige Stunden nach dem Wettkampf beklagte sich die junge Frau bei Kollegen über Kopfschmerzen. Später wurde sie tot in ihrer Wohnung gefunden. Sie war an einer Wasservergiftung gestorben.

Der Mediziner spricht von »Hyperhydration«. Mit dem Wasser wird der Salzgehalt im Blut verdünnt. Im Ausgleich strömt Wasser in die Zellen.

Folge: Die Herzleistung nimmt ab, Organe werden schlechter durchblutet. Paradoxerweise geht auch die Urinproduktion zurück. Das heißt, Wasser wird nicht ausgeschieden, Hände und Füße schwellen an, es kommt zu Muskelkrämpfen, Schock und schließlich zum lebensgefährlichen Koma.

Im Prinzip könne ein Erwachsener - über den Tag verteilt - rund zehn Liter Flüssigkeit zu sich nehmen, ohne einen Schaden davonzutragen, meint Susanne Ruprecht vom Deutschen Institut für Ernährungsforschung in Potsdam-Rehbrücke. Pro Stunde aber maximal einen bis eineinhalb Liter - um dem Körper genügend Zeit zu geben, das Getrunkene auch zu verarbeiten.

53 Warum ist das Meer so salzig?

Jedes Mal, wenn es regnet, versickert Wasser in der Erde. Dabei werden Salze und andere Stoffe, wie Kalk und Mineralien, aus den verschiedenen Gesteinsschichten herausgeschwemmt. Über die Flüsse gelangen sie ins Meer. Aus den Steinen der Bäche und Flüsse kommen weitere gelöste Stoffe hinzu. Über Jahrmillionen reicherte sich das Salz in den Meeren auf diese Weise immer weiter an. Folge: Das Meerwasser hat heute einen Salzgehalt von durchschnittlich etwa 3,5 Prozent – nahezu das 35-fache von Leitungswasser, das so gut wie gar kein Salz enthält.

Heißt das womöglich, dass der Salzgehalt in den Ozeanen immer weiter steigt? Die Frage lässt sich noch nicht abschließend beantworten. »Dafür sind unsere bisherigen Messreihen zu kurz«, erklärt Hartmut Hellmer vom Alfred-Wegener-Institut für Polar- und Meeresforschung in Bremerhaven.

Generell geht man davon aus, dass ein Gleichgewicht besteht zwischen dem Eintrag der Salze ins Meer und den Ablagerungen am Meeresboden, über die das Salz die Ozeane wieder verlässt. »Doch es könnte auch sein«, meint Hellmer, »dass ein geringes Ungleichgewicht noch nicht erfasst worden ist.«

Schwankungen im Salzgehalt der Ozeane habe es aber immer schon gegeben, erklärt der Meeresforscher. So lag während der Eiszeiten der Salzgehalt in den Ozeanen höher als heute, da damals viel Süßwasser als Eis auf den Kontinenten gebunden war.

Auch im Binnenland kann es durchaus Wasser mit vergleichsweise hohem Salzgehalt geben, etwa die natürlichen Solebäder. In Flüssen, Seen, Talsperren und den Grundwasservorkommen hingegen ist der Salzgehalt mit einem Anteil von weniger als 0,1 Prozent so gering, dass man hier von »Süßwasser« spricht.

54 Wann wird es uns zu heiß?

Wie wohl wir uns bei Hitze fühlen, ist von Mensch zu Mensch verschieden. Manche stöhnen bei 30 Grad Celsius, andere fühlen sich bei solchen Temperaturen erst richtig wohl.

Doch beim bloßen Lamentieren über gefühlte Temperaturen wollten es kanadische Meteorologen nicht bewenden lassen. Bereits 1965 erfanden sie den »Humidex« (HI) – ein Maß für Hitze, das neben der Temperatur auch die relative Luftfeuchtigkeit mit einkalkuliert.

Das macht Sinn. Denn dass beide Faktoren eine Wirkung auf den menschlichen Organismus haben, ist nicht zu leugnen. Ist es heiß und trocken, schwitzen wir, der Körper kühlt durch die Verdunstungskälte ab. Bei hohen Temperaturen und hoher Luftfeuchte ist die Transpiration dagegen behindert, die Wärmeregulation des Organismus gestört. 45 Grad in einer Wüste kann der Körper besser verkraften als 30 Grad im feuchten Regenwald.

Beispiel gefällig? Herrschen bei einer Luftfeuchtigkeit von 40 Prozent sommerliche 30 Grad Celsius, beträgt laut Humidex die »gefühlte Temperatur« 29 Grad. Der Meteorologe riete allenfalls von übertriebenen körperlichen Aktivitäten ab, die schneller zu Erschöpfung führen können.

Bei Temperaturen von 30 Grad Celsius und einer Luftfeuchtigkeit von 70 Prozent steigt der »Humidex«-Wert auf 35. Vorsicht:

Es besteht die Gefahr, einen Sonnenstich zu erleiden. Richtig gefährlich wird es bei einem HI-Wert von 41, dann wird sogar ein Hitzschlag möglich.

Allerdings müsste dazu bei 34 Grad Lufttemperatur auch eine Luftfeuchtigkeit von 60 Prozent gemessen werden - in unseren Breiten eher selten. Nicht zu vergessen: HI-Werte gelten stets für den Schatten. Wer sich der Sonne aussetzt, fügt noch mal acht Grad zum »Humidex« hinzu.

55 Was kostet ein Tag auf der ISS?

Gar nicht so leicht zu beantworten: Die Internationale Raumstation (ISS) ist schließlich kein Hotel, bei dem man die Kosten für Übernachtung/Frühstück einfach an der Rezeption erfragen könnte.

Außer den hauptberuflichen Astronauten reisten bisher nur einige wenige Weltraumtouristen zur ISS. Sie zahlten für eine Woche Urlaub in der Schwerelosigkeit etwa 20 Millionen US-Dollar. Teilt man diese Zahl durch acht, kommt man auf einen Tagessatz von 2,5 Millionen Dollar.

»Wenn man so rechnet, wäre der Transport zur ISS allerdings kostenlos«, sagt Jean Coisne, Sprecher des Europäischen Astronautenzentrums (EAC) in Köln. Aber natürlich sind An- und Abreise zur Internationalen Raumstation nicht gratis. Allein der Transfer mit dem Space-Shuttle schlägt mit rund 500 Millionen US-Dollar zu Buche.

Und das ist nicht das einzige Problem. Eigentlich müsste man ja noch hinzurechnen, was Bau, Instandhaltung und Pflege der 183

Tonnen schweren Raumstation bereits gekostet haben – und noch kosten werden.

Exakte Zahlen hierzu gibt es nicht. Die US-Weltraumbehörde NASA zeigt sich wenig auskunftsfreudig, höchstwahrscheinlich weil die ursprünglich kalkulierten Kosten längst überschritten wurden. Nahezu unmöglich macht eine zuverlässige Schätzung außerdem der internationale Zuständigkeits-Dschungel. Denn neben den USA sind an dem ehrgeizigen Projekt auch noch Russland, Japan, die Europäische Weltraumagentur ESA, Kanada und Brasilien beteiligt. Auch sie zahlen anteilig für die ISS.

Zuletzt seien 1998 die Kosten für Planung, Bau und Wartung der ISS auf 120 Milliarden US-Dollar beziffert worden, berichtet Klaus Heller vom Bundeswirtschaftsministerium, Referat »Raumfahrt, Projekte und Anwendungen«. Teilt man diese 120 Milliarden US-Dollar durch 4745 Tage – die Laufzeit der ISS von 1998 bis 2010 –, ergibt sich ein Tagessatz von unglaublichen 25.289.778 US-Dollar. Manche Experten fürchten, die Internationale Raumstation ist sogar noch teurer.

56 Was steckt im Kern der Erde?

Schade, dass man nicht einfach bis zur Erdmitte bohren kann, dann könnte man gucken, was im Kern der Erde steckt. Doch das funktioniert nur im Roman. Der eigenwillige Professor Lidenbrock, den Jules Verne 1864 auf eine »Reise zum Mittelpunkt der Erde« schickte, gelangte über den Krater eines Vulkans in die Tiefe, stieß auf ein unterirdisches Meer, riesige Pilze, urzeitliche Pflanzen.

Fest steht: Die Erde hat einen Durchmesser von rund 12.700 Kilometern und setzt sich aus drei großen Schichten zusammen. Auf die äußere, rund 30 Kilometer dicke Erdkruste folgt der felsige Erdmantel (2800 Kilometer). Daran schließt sich der äußere Erdkern (2300 Kilometer) an, der aus flüssigem Eisen besteht. Ganz in der Mitte befindet sich der innere Erdkern. Vermutlich besteht er zur Hauptsache aus Eisen und Nickel, die trotz höllischer Temperaturen von mehr als 6000 Grad Celsius wegen des hohen Drucks in einer festen Form vorliegen dürften, meint Ulrich Hansen, Professor am Institut für Geophysik der Universität Münster.

Wie moderne Wissenschaftler das Erdinnere erforschen? Sie werten seismische Wellen aus, die bei Erdbeben freigesetzt werden. Ähnlich wie beim Ultraschall in der Medizin lassen sich daraus Rückschlüsse auf die Beschaffenheit der Erde unter unseren Füßen ziehen. Trotzdem gibt es auch heute über das Erdinnere noch mehr oder weniger verwegene Theorien. Manche vermuten dort einen gigantischen Eisenkristall, andere ein Uranlager, oder sie glauben, dass es im inneren Erdkern noch einen »innersten« Kern geben könnte. »Das ist aber alles nicht sehr wahrscheinlich«, sagt Hansen.

Ganz sicher ist man sich bis heute nicht. Der kalifornische Geophysiker David Stevenson hat vorgeschlagen, ein Loch in die Erdkruste zu sprengen, Hunderttausende Tonnen Flüssig-Eisen mit speziellen Sonden anzureichern und sie in das Loch hineinzuschütten. Diese Mischung wäre dann nach ungefähr einer Woche im Erdkern angelangt und könnte Informationen nach oben senden.

Das Projekt wurde sogar im renommierten Wissenschaftsmagazin »Nature« vorgestellt, technisch ist es derzeit allerdings kaum zu realisieren, außerdem ist es schlicht unbezahlbar.

57 Woher kommen die kleinen Fruchtfliegen?

Reife oder faulende Früchte ziehen »Fruchtfliegen« geradezu magisch an. Auch auf Getränkereste in offenen Gläsern und Flaschen steuern die Mini-Fliegen zielstrebig zu.

Zum einen ernähren sich Fruchtfliegen von den Mikroorganismen, die das Obst zersetzen. Zum anderen deponieren sie in reifen Früchten oder abgestorbenen Pflanzenresten ihre Eier. Für die Larven, die sich aus den Eiern entwickeln, ist der Tisch also reichlich gedeckt. Nach 14 Tagen ist die Entwicklung abgeschlossen, die Fliege ist fertig und schlüpft.

Fruchtfliegen sind allgegenwärtig. Weltweit kennt man rund 3000 verschiedene Arten, etwa 50 davon leben in Deutschland. Dabei ist die Bezeichnung »Fruchtfliege« eigentlich gar nicht korrekt, obwohl die spezielle Vorliebe für Früchte ihr diesen umgangssprachlichen Namen eingebracht hat.

Tatsächlich handelt es sich bei der »echten« Fruchtfliege um ein Insekt aus der Familie der »Tephritidae«, man erkennt es an seinen auffällig gekennzeichneten Flügeln. Die kleinen, nur zwei bis drei Millimeter großen Brummer hingegen, die sich so gerne über faulendes Obst hermachen, heißen eigentlich »Essig-« oder »Taufliegen«. Sie sind meist dezenter gefärbt und gehören zur Familie der »Drosophilidae«.

Speziell Fliegen der Art »Drosophila melanogaster« sind bei Forschern äußerst beliebt. Wegen ihres relativ simplen Erbguts und der kurzen Entwicklungszeit von nur zwei Wochen kann man an ihnen besonders gut untersuchen, was passiert, wenn man Gene in den Organismus einfügt oder ausschaltet. Bei der Erforschung einer ganzen Reihe von Krankheiten bis hin zu Alzheimer, Krebs oder Parkinson hilft »Drosophila melanogaster«.

Taufliegen eignen sich sogar als Modellorganismen für die Schlafforschung. Wenn sie ein hektisches Sozialleben haben, gönnen sie sich tagsüber ein verlängertes Nickerchen, stellten Wissenschaftler erst unlängst fest.

Möglicherweise entsteht das erhöhte Schlafbedürfnis, weil die Taufliege die vielen gesammelten Informationen erst im Traum verarbeiten muss. Dies wird nun näher untersucht – ein vielversprechender Ansatz zur Erforschung der Mechanismen von Lernen und Gedächtnis.

58 Wohin fallen Sternschnuppen?

Wenn die Nächte lau sind, sieht man sie wieder öfter: Sternschnuppen. Die kleinen Meteore bestehen meist aus winzigen Staubkörnern, die durch das Weltall sausen.

Ab und zu treffen sie dabei auf die Erdatmosphäre. Dann reiben sie sich an den Luftteilchen der Atmosphäre, heizen sich auf und verbrennen mit einem hellen Schweif, erklärt Burkard Steinrücken, der Leiter der Westfälischen Volkssternwarte Recklinghausen.

Wir sehen eine Sternschnuppe. Auf die Erde fällt sie in der Regel nicht – einfach, weil sie schon vorher verglüht. Ganz selten gibt es auch größere Bröckchen, die bis zur Erdoberfläche kommen und dort als kleine Meteorite oder Meteorsteine herumliegen.

59 Warum ist die Wüste nachts so kalt?

Tagsüber sengende Hitze bis zu 58 Grad Celsius, nachts nur null Grad oder sogar noch weitaus weniger. Derartige Temperaturunterschiede sind in großen Trockenwüsten wie der Sahara ganz normal. Im Winter kann es nachts sogar bis zu 50 Grad kälter sein als am Tag.

Das liegt zum einen an der besonders klaren Luft. Während in anderen Klimazonen und vor allem über den Städten feiner Staub und gasförmiger Wasserdampf wie eine Isolierschicht wirken, entweicht über einer Wüste die Hitze des Tages in der Nacht ungebremst wieder ins All. »Wir kennen dieses Phänomen im Prinzip aus dem Hochgebirge«, sagt Barbara Sponholz, Geografin an der Universität Würzburg. Aber noch etwas kommt hinzu.

Weil Wüstenböden so trocken sind, speichern sie die Hitze des Tages nur oberflächlich – und geben sie nachts infolgedessen auch besonders schnell wieder ab. Feuchte Flächen halten etwa sechsmal so viel Wärme fest wie der öde Wüstensand.

Im Übrigen haben gerade die großen Temperaturunterschiede auch ihr Gutes. Denn sie machen Leben in der Wüste möglich. Durch die starke Abkühlung können sich am Boden Tautropfen bilden, davon leben viele Wüstenpflanzen und Insekten.

60 Was ist ein Halbaffe?

Im Jahre 1873 machte der englische Anatom St. George Jackson Mivart (1827–1900) einen großen Schnitt: Er teilte die damals bekannten Primaten in Gruppen ein. Gorillas, Orang-Utans und Schimpansen nannte er »Menschenaffen«. Nur die Loris, Makis und Lemuren wollten nicht so recht in diese Gruppe passen.

Diese nachtaktiven Flitzer waren irgendwie anders - schienen von ihrem Körperbau her zwischen Affen und anderen Tieren einzuordnen zu sein. Und so erklärte Mivart sie sicherheitshalber nur zu »halben« Affen.

Heute ist der Begriff veraltet. Doch dass sich »Halbaffen«, die in Afrika, Südostasien und vor allem auf Madagaskar leben, von den »richtigen« Menschenaffen unterscheiden, das stimmt immer noch.

Ihre Nasen sind noch feucht (wie etwa beim Hund), ihre Augen leuchten im Dunkeln (wie bei der Katze), der Daumen ist noch nicht drehbar, erklärt Tamara Becker vom Deutschen Zentrum für Primatenforschung in Göttingen. Doch da natürlich auch ein »Halbaffe« ein komplett funktionstüchtiges Tier ist, wurde ein neuer Name für ihn gesucht. In der modernen Forschung spricht man von »Feuchtnasenaffen« - während etwa Gorillas und Orang-Utans zu den »Trockennasenaffen« zählen.

»Aber alle gehören in die Gruppe der Primaten«, sagt Ute Radespiel von der Tierärztlichen Hochschule in Hannover. So hundertprozentig genau hat es der alte St. George Jackson Mivart im Übrigen auch nicht genommen: Eine Gruppe von »Viertelaffen« hat er jedenfalls nicht vorgesehen.

61 Warum wird ein blauer Fleck bunt?

Wer sich am Arm, am Oberschenkel oder Knie stößt oder gar auf eines dieser Körperteile fällt, kann dabei Blutgefäße und Zellen verletzen, die unter der obersten Schicht unserer Haut liegen. Blut und Zellflüssigkeit können austreten, ohne dass dabei eine offene Wunde entstehen muss.

Seine zunächst blaue Farbe hat das »Hämatom« - so der medizinische Fachbegriff für den blauen Fleck –, weil das rote Blut durch das Farbspektrum unserer Haut hindurch bläulich scheint.

Nach und nach löst sich das »Veilchen« wieder auf, dabei werden die einzelnen Blutteilchen vom Körper aufgenommen.

Die Abbauprodukte des Hämoglobin, also des roten Blutfarbstoffs, bewirken dabei, dass die Stelle in den schönsten Braun-, Grün- oder Gelbtönen schillern kann.

Übrigens: Wer direkt nach dem kleinen Unfall eine kalte Kompresse auf die verletzte Stelle drückt, kann zumindest das Ausmaß der Blessur vermindern. Der Kälteschock zieht die kleinsten Äderchen zusammen, weniger Blut fließt an die betroffene Stelle.

62 Wieso sehen wir den Mond nur von einer Seite?

Richtig berühmt wurde die Rückseite des Mondes 1973 mit der Rockband Pink Floyd und deren Album »Dark Side of the Moon«, einem der meistverkauften Alben überhaupt. Dabei ist die Rückseite des Mondes keineswegs immer dunkel, man kann sie von der Erde aus nur nicht sehen.

Ursache ist die Art und Weise, wie der Mond um die Erde kreist. Während die Erde sich in 24 Stunden einmal um die eigene Achse dreht, ist ihr Trabant viel langsamer unterwegs: Der Mond benötigt etwa einen Monat, um die Erde zu umrunden. Gleichzeitig dreht er sich dabei genau einmal um die eigene Achse.

»Die Rotationszeit des Mondes entspricht also seiner Umlaufzeit um die Erde«, erklärt Hans-Georg Grothues vom Deutschen Zentrum für Luft- und Raumfahrt (DLR). Der Fachmann spricht auch von »gebundener Rotation«. Die Folge ist, dass der Mond uns, von kleineren Abweichungen abgesehen, immer dieselbe Seite zeigt – während seine Rückseite von der Erde aus unsichtbar bleibt.

Eigentlich ist aber auch die Bezeichnung »Rückseite« nicht korrekt. Der Wissenschaftler spricht lieber von der »erdzugewandten« und »erdabgewandten« Seite des Mondes. Völlig zu Recht. Denn was ist bei einer Kugel schon vorne und hinten?

63 Wieso schläft die Fledermaus kopfüber?

Ob Abendsegler, Braunes Langohr oder Kleine Hufeisennase: Wenn Fledermäuse schlafen wollen, krallen sie sich an Steinen oder Ästen fest – und lassen sich in Felsspalten, Baumhöhlen oder auch mal auf einem Dachboden ganz entspannt von der Decke hängen.

Sich einfach auf den Boden zu legen, wäre angesichts der Fressfeinde viel zu gefährlich. Und mit den »Händen« festhalten kann sich die Fledermaus nicht, dazu sind die Finger nicht gedacht. Der Daumen ist kurz, die übrigen vier Finger sind stark verlängert und spannen die Flughaut, erklärt Björn Siemers vom Max Planck Institut für Ornithologie in Seewiesen.

Bleiben der Fledermaus also nur die »Füße« mit ihren fünf bekrallten Zehen. Die Sehnen in den Krallen sind so konstruiert, dass sie ein passives Festhalten ohne besondere Muskelspannung ermöglichen. Dabei wird die Sehne in einer Art Muskelschlaufe gehalten, die Fixierung bleibt durch den Zug des Körpergewichts erhalten. Daher bleiben auch tote Tiere an der Decke hängen.

64 Wie viele Knochen hat der Mensch?

Der Mensch kommt mit rund 300 Knochen zur Welt. Wenn wir erwachsen sind, sind es allerdings nur noch 206 bis 210. Grund für diesen Knochenschwund ist keine Krankheit. Vielmehr wachsen viele kleine einzelne Knochen und Knorpel erst mit der Zeit zusammen. Ein bekanntes Beispiel ist das Kreuzbein, ein etwa keilförmiger Knochen, auf dem die Wirbelsäule steht. Beim Kind besteht er aus fünf Elementen, die nachher aber zu einem Knochen werden.

»Dass man keine absolute Zahlenangabe über das Knochenskelett machen kann, liegt an individuellen Unterschieden«, sagt Jürgen Koebke vom Zentrum für Anatomie der Universitätsklinik Köln.

So variiert zum Beispiel die Anzahl der Steißbeinwirbel, manchmal kann auch eine Rippe fehlen, oder der eine Mensch hat eine Rippe mehr als der andere.

65 Wann beginnt der Tag?

Ganz klar: um null Uhr, mitten in der Nacht. Oder doch eher morgens, wenn die Sonne aufgeht? Am »Tageslicht« orientiert sich jedenfalls der Tagesablauf der Menschen. Und da die Erde sich in 24 Stunden einmal um die eigene Achse dreht, wandert in dieser Zeit auch der Tag einmal um den ganzen Globus. Wenn bei uns die Sonne aufgeht, ist es auf der anderen Seite der Weltkugel schon wieder zappenduster.

Offiziell beginnt der Tag mitten im Pazifischen Ozean - nahe dem 180. Längengrad. Eine gedachte Linie markiert dort die sogenannte »Datumsgrenze«. Wenn hier die Sonne aufgeht, gilt dies als erstes Licht eines neuen Tages. Erfunden wurde die Datumsgrenze 1885 mit dem Ziel, dass Seeleute, wie 1522 noch Ferdinand Magellan, bei einer Weltumrundung nicht mehr durcheinanderkommen sollten.

Die Datumsgrenze trifft nirgends auf Land - ganz bewusst, denn in keiner Nation sollte es gleichzeitig ein Heute und Morgen geben. In ihrer Nähe liegen die Tschukotka-Insel im Norden, der Inselstaat Fidschi, die Chatham Islands östlich von Neuseeland sowie die Inselgruppe Kiribati im Pazifik, die sich auch »The land where the time begins« nennt - das »Land, wo die Zeit beginnt«.

Besonders zur Jahrtausendwende stritten die Datumsgrenzen-Anrainer heftig um diesen Titel. Auf Fidschi wurde sogar noch schnell die Sommerzeit eingeführt, um den Tagesbeginn eine Stunde vorverlegen zu können. Dennoch war das erste Licht des neuen Jahrtausends auf Kiribati zu sehen, es liegt noch näher an der magischen Grenze.

66 Wie viele Fluggäste sind gerade in der Luft?

Die Frage lässt sich nur näherungsweise beantworten. Dass es überhaupt Zahlen darüber gibt, wie viele Menschen ein Flugzeug zur Fortbewegung benutzen, liegt an der »International Civil Aviation Organization« (ICAO). Diese Sondereinheit der Vereinten Nationen regelt nicht nur Fragen der Lufthoheit, sie vergibt auch die bekannten dreistelligen Buchstabenkodes für Flughäfen. Ganz nebenbei werden dabei die Passagiere aller 189 ICAO-Vertragsstaaten erfasst. Der Trend zeigt steil nach oben: Zählte man 2002 noch 1,6 Milliarden Fluggäste, waren es 2005 schon über zwei Milliarden – ein Anstieg, der vor allem mit dem Wachstum vieler kleiner Airlines zusammenhängt. Wie viele Menschen sich zu einem bestimmten Zeitpunkt gleichzeitig in der Luft befinden, lässt sich aber auch aus solchen Angaben nicht so ohne weiteres herleiten.

Für einen groben Wert könnte man die jährlich zwei Milliarden Fluggäste und eine durchschnittliche Flugdauer von zum Beispiel zwei Stunden zugrunde legen. Dann käme man durch simples Dividieren auf durchschnittlich 5.469.452 Flugpassagiere pro Tag. Oder auf 456.621 Flugreisende alle zwei Stunden. Doch das bleibt nur ein grober Anhaltspunkt. Denn Flüge dauern unterschiedlich lange, fallen aus oder werden umgebucht, ohne dass sich das in der Statistik niederschlüge.

»Eine minutengenaue Zahl der beförderten Passagiere gibt es daher leider nicht«, sagt Günther Müller von der »International Air Transport Association (IATA)«. Dem Dachverband gehören 285 Airlines an, das sind rund 94 Prozent aller Gesellschaften, die internationale Flüge durchführen.

67 Wie wirkt scharfes Essen?

Manchmal reicht schon ein Biss in eine Chili-Schote. Schweißperlen treten auf die Stirn, die Nase läuft. Der Grund für diese Reaktion: Der Scharfmacher »Capsaicin« stimuliert die Schmerzrezeptoren der Mundschleimhaut, ein Schmerzreiz wird ausgelöst. Bestimmte Botenstoffe, darunter die sogenannte »Substanz P«, leiten den Reiz »Achtung! Scharf« direkt an das Gehirn weiter.

»Unser Gehirn differenziert in seiner Antwort nicht genügend, deshalb kann die Nase laufen, manchmal kommen einem die Tränen«, sagt Michael Deeg vom deutschen Berufsverband der HNO-Ärzte. Das Capsaicin gehört zur chemischen Gruppe der Alkaloide, die in Pflanzen, Tieren oder auch Pilzen vorkommen. Auch Nikotin ist übrigens ein Alkaloid, genau wie das »Muscimol« aus dem Fliegenpilz.

Vermutet wird, dass sich die Schmerzreaktion vor Jahrmillionen als Schutzmechanismus entwickelte, um vor dem Genuss gewisser Speisen zu warnen. An solche Reize können sich die Rezeptoren der Mundschleimhaut aber auch gewöhnen – so bei vielen Asiaten, die traditionell viel schärfer würzen als die meisten Westeuropäer.

68 Warum klebt der Duschvorhang an uns fest?

Ob Kalt- oder Warmduscher – von diesem Phänomen bleibt niemand verschont: Unbeirrt drängt sich der Duschvorhang in unsere Richtung, bevorzugt klatscht er uns an die Beine.

Das vermaledeite Badezimmer-Utensil hat schon viel Ärger auf sich gezogen. Dabei hat das Textil physikalisch betrachtet gar keine Chance, schuld ist der Druckunterschied: Sobald die Brause läuft, strömen Wassertropfen in die Tiefe und ziehen den Duschvorhang an. Offensichtlich herrscht innerhalb der Dusche ein niedrigerer Luftdruck. Die Folge ist: Der Unterdruck saugt am Duschvorhang und bewegt ihn auf den Wasserstrahl zu – und somit leider auch auf den Duschenden.

Die Ursachen für den Druckunterschied werden heiß diskutiert. Das physikalische Phänomen, das dabei die wichtigste Rolle spielt, ist der sogenannte »Bernoulli-Effekt«. Er spielt in der Aerodynamik eine zentrale Rolle. Wie der Schweizer Mathematiker und Physiker Daniel Bernoulli (1700–1782) entdeckte, entsteht ein Unterdruck, wenn ein Fluid an einem Objekt schnell vorbeiströmt.

In der Umgebung des strömenden Wasserstrahls nimmt der Luftdruck demnach ab. Der im Vergleich größere Druck der ruhenden Luft außerhalb des Vorhangs bewirkt eine Druckdifferenz, welche eine Kraft auf die trennende Schutzhülle ausübt und diese nach innen bewegt.

Der US-Physiker David Schmidt wollte es ganz genau wissen und entwickelte zur Erforschung des Duschphänomens extra ein kompliziertes Computermodell. Ergebnis: Auch virtuell wurde der Vorhang nach innen gesogen.

Für diese Erkenntnis gab es 2001 sogar den »Ig-Nobelpreis« – eine Auszeichnung, die seit 1991 von der Harvard-Universität für unnütze, unwichtige oder skurrile wissenschaftliche Arbeiten verliehen wird.

69 Wie (und warum) schnurren Katzen?

Prrrrrrrrrr – das wohlige Schnurren einer Katze ist ein wirklich angenehmes Geräusch. Um es hervorzubringen, nutzt der Stubentiger seinen ganz normalen Stimmapparat. Dazu werden beim Schnurren die Stimmlippen, das sind bestimmte Bindegewebsstränge am Kehlkopf, angespannt und wieder locker gelassen. Durch das Wechselspiel wird der Luftstrom, der beim Atmen die Stimmlippen passiert, in eine Schwingung versetzt.

Unterstützt wird der Vorgang durch die Kehlkopfmuskulatur – die Katze schnurrt. »Die entstehende Vibration kann man sogar an der Körperoberfläche der Katze spüren, besonders natürlich am Hals und im Bereich des Brustkorbs«, berichtet Gustav Peters vom Zoologischen Forschungsmuseum Alexander Koenig in Bonn.

Peters ist ein echter Schnurrexperte. Er hat die Lautäußerung der »Feliden« – so der Fachbegriff für die katzenartigen Raubtiere – genau untersucht und zum Beispiel festgestellt, dass Katzen sowohl beim Ein- als auch beim Ausatmen schnurren können. Der Grundton eines »prrrrrrrs« beträgt etwa 26 Hertz. Zum Vergleich: Die tiefsten im menschlichen Stimmapparat erzeugten Töne liegen bei 43 Hertz.

Bleibt die Frage, warum Katzen schnurren. Offenbar ist es nicht nur ein Ausdruck von Wohlbehagen. »Auch schwer verletzte Katzen schnurren«, sagt Zoologe Peters. Möglicherweise diene der typische Laut dann der eigenen Beruhigung, denn Schnurren erleben die Tiere schon in ihrer Kindheit im sicheren Wurfkorb.

Während die Katzenkinder an der Zitze saugen und trinken, schnurrt das Muttertier, bevor dann auch die Kleinen zu schnurren beginnen. Peters: »Das drückt sicher Wohlbehagen aus, gleichzeitig scheinen sich Mutter und Junge gegenseitig zu signalisieren, dass alles in Ordnung ist.«

70 Warum gähnen wir?

Eines steht fest: Gähnen steckt an. Die Theorie, dass mit diesem unwiderstehlichen Drang, den Mund weit aufzureißen und zu gähnen, ein Sauerstoffmangel ausgeglichen werden soll, ist hingegen widerlegt. Denn auch ein Baby im Mutterleib gähnt, obwohl es den Sauerstoff ja stetig frei Haus durch die Nabelschnur bezieht.

Ansonsten gibt es zum Gähnen unzählige Theorien. Die US-Forscher Andrew und Gordon Gallup glauben, das Gähnen fördere den Wärmeaustausch, pumpe kühleres Blut ins Gehirn. Dass Gähnen anstecke, habe evolutionäre Gründe: Wenn jemand gähnt, weil die Denkleistung nachlässt, gähnen andere auch, um die Aufmerksamkeit der ganzen Gruppe aufrechtzuerhalten.

Anderen Theorien zufolge regt Gähnen den Kreislauf an, es dehnt die Gesichtsmuskeln, sorgt für Druckausgleich im Mittelohr, hilft beim Abreagieren negativer Gefühle. Einen eigenen Weg geht die Britin Catriona Morrison. Sie glaubt, dass Gähnen Mitgefühl ausdrückt.

Morrison setzte Testpersonen in einem Wartezimmer einem gähnenden Mitmenschen aus. Und zählte, wie oft die Probanden sich zum Gähnen verleiten ließen. Ergebnis: Menschen, die als besonders mitfühlend eingestuft wurden, ließen sich häufiger zum Gähnen verleiten.

71 Warum fallen faule Äpfel vorzeitig vom Baum?

Der Mechanismus, mit dem sich ein Baum seiner faulen, oft wurmstichigen Früchte entledigt, ist hochraffiniert, wie das Beispiel »Apfel« beweist.

Wird der Apfel von einem Wurm angenagt, reagiert das verletzte Fruchtfleisch mit dem Sauerstoff aus der Luft. Dabei entsteht das Hormon »Ethylen« - eine biochemisch wirkende Verbindung, die als Botenstoff auch die Blütenbildung von Pflanzen beeinflusst.

Im Falle des faulen Apfels wird das Ethylen über den Stiel an die Blätter des Apfelbaums weitergeleitet. Dort stößt es die Produktion eines weiteren Pflanzenhormons an, das im Wesentlichen aus »Abscissinsäure« besteht. Angestoßen durch die Abscissinsäure entstehen Korkzellen zwischen dem Zweig und dem Apfelstiel, an dessen Ende ja noch die faule Frucht baumelt.

Die Korkzellen funktionieren wie eine Art Verschluss: Kein Nährstoff gelangt mehr vom Baum zum faulen Apfel. Die Verbindung wird also gekappt, der Apfel fällt auf den Boden. Dass sich der Baum so rigoros von faulen Früchten trennt, dient der Arterhaltung. Die Kerne der kranken Früchte sind nicht keimfähig, warum sollten sie noch mit Nahrung versorgt werden?

Die spart der Baum sich lieber für die gesunden Äpfel auf. Wenn sie reifen, enthalten auch sie Ethylen. Es wird an die Blätter geleitet, der Abwurf-Kreislauf startet. Wird das reife Obst nicht gepflückt, fällt es auf den Boden, wo es langsam vergammelt und dabei seine Kerne an das Erdreich weitergeben kann. Im günstigsten Fall entsteht daraus dann der nächste Apfelbaum.

Übrigens: Ein reifender Apfel gibt sein Ethylen auch an seine direkte Umgebung weiter. Und das kann Folgen haben: Auch bei anderen Äpfeln in seiner Nähe beschleunigt sich der Reifungsprozess. Für die Lagerung von Obst sei es darum wichtig, die Bildung und Verbreitung von Ethylen zu verhindern, berichtet Gerlinde Nachtigall von der Biologischen Bundesanstalt für Land- und Forstwirtschaft in Braunschweig.

Häufig werden Früchte bei Unterdruck gelagert, um frei werdendes Ethylen zu entfernen. Vor allem Bananen erntet und transportiert man noch im unreifen Stadium – um sie erst bei Bedarf mit Ethylen zu begasen und damit eine kontrollierte, synchrone Reifung einzuleiten.

72 Warum kreist die Motte um die Lampe?

Wieder und wieder flattern Motten um eine Glühbirne oder Straßenlaterne. Das künstliche Licht wirft sie allem Anschein nach vollständig aus der Bahn. Wissenschaftler haben dafür im Wesentlichen zwei Erklärungen. Zum einen könnten Motten und andere nachtaktive Insekten das künstliche Licht mit dem natürlichen Mondschein verwechseln, an dem sie sich normalerweise orientieren.

Wenn sie geradeaus fliegen wollen, versuchen sie, einen konstanten Winkel zur Lichtquelle einzuhalten. Beim Mond funktioniert das gut, denn er ist weit genug weg. Beim Kunstlicht hingegen glauben die Falter, ihren Kurs ständig korrigieren zu müssen. Folge: Sie fliegen nicht mehr geradeaus, ziehen stattdessen immer engere Kurven, kreisen schließlich unentwegt um das Licht.

Andere Forscher glauben, dass die Insekten von der Intensität des künstlichen Lichts geblendet werden. Das erklärt, warum sie manchmal Schlangenlinien fliegen oder sogar direkt auf das Licht zusteuern. Davon profitieren wiederum Spinnen, denen die Helligkeit nichts ausmacht. Sie spannen ihre Netze sogar besonders gerne in der Nähe von Laternen. Motten sind dann für sie eine leichte Beute.

73 Was spinnt eine Spinne?

Spinnenfäden bestehen aus Eiweißmolekülen, die durch eine spezielle Anordnung von Aminosäuren besonders belastbar, reißfest und hochelastisch sind. Je nach Bedarf sind sie mehr oder weniger dick und klebrig. Dabei erfüllen sie die unterschiedlichsten Zwecke. Die silbrig glänzenden Fäden, die im Frühherbst in vielen Bäumen hängen, erinnern zum Beispiel an die Haare ergrauter Frauen. Sie gaben dieser Jahreszeit auch ihren besonderen Namen: »Altweibersommer«.

»Es handelt sich um Flugfäden. Junge Spinnen schießen sie in die Luft und lassen sich dann vom Wind mittragen«, erklärt Thomas Ziegler, Spinnenexperte des Kölner Zoos. »Ballooning« nennt man diese Art der Fortbewegung auch, junge Spinnen können damit große Strecken überwinden.

Mit den Spinndrüsen an ihrem Hinterteil stellen Spinnen außerdem Sicherheitsleinen, Material für Kokons – und natürlich Netze her. Will die Spinne ein Netz bauen, schießt sie ebenfalls einen kleinen Tropfen Spinnenfaden in die Luft, den sogenannten

»Brückenfaden«. Er wird mit dem Wind weitergetragen, bis er sich etwa in einem Ast verfängt.

Auf diese erste Netzverbindung baut die Spinne dann ihre Falle auf. Die Kreuzspinne webt ein regelmäßiges Radnetz, die Kugelspinne umhüllt gleich ganze Zweige. Hat der Wind den Faden einmal verweht, können Spinnen sogar über Wasser Netze bauen.

74 Warum kriegt die Pfütze Blasen?

Die Blasen in den Pfützen entstehen, wenn es richtig pladdert. Dann haben einzelne Regentropfen einen Durchmesser von bis zu fünf Millimetern – sonst sind es nur etwa 1,3 Millimeter. Treffen bei einem Regenschauer solche großen, relativ schweren Tropfen auf eine Pfütze, zerplatzen sie zu vielen kleinen Tropfen, die einige Millimeter hochspringen.

»Bei starkem Regen wird dabei auch etwas Luft mit eingeschlossen«, erklärt Gerhard Lux vom Deutschen Wetterdienst in Offenbach. »Und in Verbindung mit der Oberflächenspannung des Wassers bilden sich kurzzeitig Luftblasen.« Solche Blasen bilden sich vor allem zu Beginn eines Schauers, da der Niederschlag dann am »großtropfigsten« ist.

75 Wie fliegt der Besen?

Der klassische Besen, so wie man ihn kennt, mit langem Stiel, Holzkopf und Borsten, kann sich natürlich nicht einfach in die

Lüfte erheben – weder mit noch ohne Passagier. »Aber man kann ein bisschen nachhelfen«, lacht Uwe Weltin, Leiter des Instituts für Zuverlässigkeitstechnik an der TU Hamburg-Harburg.

Der Ingenieur rät: den Stiel aushöhlen, zu einem Fünftel mit Wasser befüllen und »ordentlich Druckluft draufgeben«. Der Luftdruck sollte dabei mindestens 10 bis 20 Bar betragen. Den Stiel wie eine Sektflasche verschließen. Wenn man den »Korken« knallen lässt, saust der Besen durch die Luft.

Allerdings lässt sich ein solcher Besen nicht lenken. Er reagiert nicht auf Befehle, fliegt auch nur einmal. Aber er fliegt – wie eine richtige Wasserrakete eben.

76 Welchen Einfluss hat der Mond auf das Wetter?

Über den Einfluss des Erdtrabanten auf das weltliche Wettergeschehen wird immer wieder gerne spekuliert. Schließlich sorgt der Mond dafür, dass sich in den Meeren riesige Wassermassen auftürmen, wodurch Ebbe und Flut entstehen. Verantwortlich dafür ist die Anziehungskraft des Mondes, der Physiker spricht von »Gravitation«.

Die Gravitation bezeichnet das Phänomen der gegenseitigen Anziehung von Massen, in diesem Fall von Mond und Erde. Und wenn sich eine solche Kraft auf das Wasser der Meere auswirkt, müsste sie sich eigentlich auch auf die Luft in der Erdatmosphäre und darüber auf das Wetter auswirken können.

Tatsächlich tut sie dies auch. Allerdings gibt es Effekte, die eine weitaus größere Bedeutung für das Wettergeschehen haben, erklärt Thomas Janka vom Max-Planck-Institut für Astrophysik. Dazu gehört allen voran die Sonneneinstrahlung. Die Sonne heizt die Luft auf der Tagseite der Erde auf, was dazu führt, dass diese Luft sich ausdehnt – vergleichbar dem Tidenhub einer beginnenden Flut. Die Aufheizung am Tage sowie die Abkühlung bei Nacht und an den Polen führen zusätzlich zu Windbewegungen, die das Wetter maßgeblich beeinflussen.

»Der Effekt des Mondes wird dadurch völlig begraben, ist gar nicht mehr messbar«, sagt Janka.

Fazit: Der Mond verändert weder die Windrichtung noch stoppt er das Regenwetter. Auch der Vollmond ändert daran nichts, seine Masse ist bei Neu- oder Halbmond die gleiche.

77 Welche Farbe hat der Schatten?

Hindert ein Gegenstand das Licht an seiner Ausbreitung, entsteht dahinter ein lichtfreier Raum: der Schatten. Dabei handelt es sich um eine zweidimensionale Projektion desjenigen Objekts, das den Schatten wirft. So weit, so gut. Spontan würde man denken, alle Schatten seien schwarz. Doch das trifft nur auf den sogenannten »Kernschatten« zu. Er befindet sich dort, wohin wirklich keinerlei Licht mehr gelangt, weil der jeweilige Gegenstand der Lichtquelle im Wege steht.

Neben dem »Kernschatten« kennen Physiker aber auch noch den »Halbschatten«. In diesen Bereich gelangt doch noch ein bisschen Licht, es ist dort also nicht ganz dunkel. Und dieser Halbschatten kann durchaus farbig sein. Reinhard Pieper vom Institut für Physik und ihre Didaktik an der Universität Köln nennt ein Beispiel. Ein Gegenstand, zum Beispiel eine Blumenvase, steht vor einem weißen Schirm, der von einer roten und einer blau-grünen Lichtquelle beleuchtet wird.

Der »Kernschatten« der Vase ist tatsächlich schwarz. Die beiden »Halbschatten« jedoch sind rot und blau-grün. »Der Bereich des Schirms, auf den das Licht von beiden Lampen gelangt, erscheint zudem weiß«, sagt Pieper: »Rot und Blau-Grün sind nämlich komplementär, sie addieren sich zu Weiß.«

Farbige Schatten gibt es auch in freier Natur. So sind bei Tageslicht die Schattenbereiche nicht vollkommen dunkel. Sie werden durch das Streulicht aus dem Himmelblau aufgehellt.

78 Warum ist Knoblauch gesund?

Woher der unangenehme Duft kommt, weiß man schon länger: Im gemeinen Knoblauch, umgangssprachlich »Knobi«, »Knofl« oder auf Schweizerdeutsch »Chnobli« genannt, steckt der natürliche Inhaltsstoff Alliin. Diese schwefelhaltige Aminosäure wird während der Verdauung zu Allicin umgewandelt.

Auch dieses Abbauprodukt enthält Schwefelverbindungen, sie riechen nach faulen Eiern. Wer Knoblauch (»Allium sativum«) isst, gibt die Abbauprodukte des Allicin allerdings nicht, wie lange vermutet wurde, über den Magen wieder ab. Seine geruchsintensiven Stoffe gelangen vielmehr über die Lungenbläschen an die Atemluft.

Dass Knoblauch gesund ist, ist unter Medizinern unumstritten, allenfalls die Ausmaße seiner wohltuenden Wirkung schwanken von Studie zu Studie zwischen »lebensverlängernd« und »kaum relevant«. Warum diese Knolle nun aber das Risiko für Herzerkrankungen durch Bluthochdruck senken soll, glauben amerikanische Wissenschaftler der Universität von Alabama herausgefunden zu haben.

So werden die im Knofi enthaltenen Schwefelverbindungen von den roten Blutzellen des Menschen in Schwefelwasserstoff umgewandelt, chemische Bezeichnung: »H_2S«. Als Botenstoff spielt dieses H_2S eine wichtige Rolle bei der Regelung der Blutzirkulation und, ebenfalls sehr wichtig, bei der Erweiterung der Blutgefäße. Daher stamme, so Teamleiterin Gloria Benavides, bei regelmäßigem Knoblauch-Verzehr auch die vorteilhafte Wirkung auf den Blutdruck.

79 Wie entsteht ein Popel?

Jeder hat sie, niemand spricht darüber. Dabei sind die kleinen, mehr oder weniger harten Stückchen, die hin und wieder in der Nase stecken, ganz zu Unrecht ein Tabuthema. Der Popel, in der Fachsprache »Borke« genannt, ist völlig normal. Er entsteht aus dem Sekret, das Drüsen in der Nasenschleimhaut bilden, um die Atemluft zu befeuchten oder unser Riechorgan von Staub zu reinigen. Normalerweise transportieren Flimmerhärchen diese Flüssigkeit – rund 200 Milliliter am Tag – rückwärts Richtung Rachen. Hier wird sie dann einfach runtergeschluckt.

Vor allem im Bereich der Nasenöffnung wird der Reinigungsrotz auch gern mal fest. Das geschieht insbesondere, wenn die Nase klimatisch ungünstigen Bedingungen ausgesetzt ist – etwa bei schnellen Temperaturschwankungen im Winter oder bei zu trockener Luft. Dann gerät das feine Zusammenspiel von Sekretbildung und Abtransport aus der Balance. Im vorderen Bereich der Nase trocknet das Sekret aus: Ein Popel entsteht. Um ihn zu entfernen, wird das Schnäuzen in ein Taschentuch empfohlen. Aber seien wir ehrlich: Das reicht nicht immer. Viele stecken den Popel bewusst oder unbewusst in den Mund und schlucken ihn herunter.

Dieses Verhalten, medizinisch »Mukophagie« genannt, wird in den meisten Kulturen als unappetitlich empfunden. Und der »Mömmesfresser«? Der Kölner versteht darunter einen absoluten Geizhals, der lieber seinen Nasenschleim verzehrt, als Geld fürs Essen auszugeben.

80 Was zaubert den Fleck auf einen Spiegel?

Solange es trocken ist, merkt man nichts. Doch sobald sich Wasserdampf auf dem Spiegel niederschlägt, sieht man plötzlich die Flecken oder Fingerabdrücke. Sieht aus wie Zauberei, ist aber ein physikalisches Phänomen.

»Es handelt sich um Hauchbilder«, sagt Brigitte Weber vom Fraunhofer-Institut für Angewandte Optik und Feinmechanik (IOF) in Jena. Wer etwas auf die beschlagene Scheibe malt, hinterlässt dort feine Spuren von Fingerschweiß oder auch von Seife. Wenn der Spiegel trocknet, wird dieser Film unsichtbar, aber wenn sich erneut Wasserdampf darauf niederschlägt, etwa beim nächsten Bad, sind die Spuren wieder da.

Grund: Die Wassertröpfchen auf den sauberen und den verunreinigten Stellen des Spiegels sind unterschiedlich groß. »Dadurch entsteht ein anderes Kondensationsbild«, so Brigitte Weber: »Die Fingerabdrücke werden sichtbar.« Die Kondensation von Wasserdampf auf der Spiegeloberfläche hängt ganz wesentlich davon ab, ob sich dort Verunreinigungen befinden.

So lässt sich auch die Sauberkeit von Oberflächen kontrollieren. Weber: »Einfach anhauchen und schräg gegen das Licht halten.« Solche »Hauchtests« (englisch: breath tests) haben sich schon seit langem in der Optik bewährt. »Den gleichen Effekt sehen Sie übrigens auch, wenn jemand mit dem Finger etwas auf die Heckscheibe Ihres Autos gemalt oder geschrieben hat und das Glas über Nacht beschlägt.« Am nächsten Morgen kann man die Schrift gut erkennen.

Und wenn man die Flecken wieder loswerden will? »Einfach mit einem Fettlöser drüberwischen«, rät Robert Peter, Gebäudereiniger aus Köln. Bei hartnäckigeren Rückständen, etwa von Saugnäpfen, hilft das allerdings nicht immer. Hier könne auch eine »offenporige Qualität« die Ursache sein, vermuten Forscher des Fraunhofer-Instituts für Silicatforschung (ISC) in Würzburg – also eine minderwertige Verarbeitung des Materials.

81 Wie lang ist ein Tag auf dem Saturn?

Das wüssten auch die Astronomen gern. Schon lange versuchen sie, die genaue Dauer eines Saturn-Tages herauszufinden. Ihr Problem: Die Oberfläche des Planeten, die man zur exakten Bestimmung der Umdrehungszeit sehen müsste, liegt unter einer kilometerdicken Wolkenschicht verborgen. Darum kann man nicht sehen, wie schnell der Saturn rotiert.

US-Forscher haben darum eine Alternative zu den bisherigen Messungen vorgeschlagen. Sie beruht auf Schwankungen der Planetenstrahlung im Radiowellenbereich. Mit Hilfe der Raumsonde »Cassini« beobachteten die Wissenschaftler insgesamt 14 Monate lang Schwankungen im Magnetfeld des Saturn. Auf dieser Grundlage machten sie eine neue Rechnung auf.

Demnach dreht sich der Planet in 10 Stunden, 47 Minuten und sechs Sekunden (plus/minus 40 Sekunden) einmal um sich selber. Damit wäre ein Tag auf dem Saturn acht Minuten länger als bislang angenommen.

82 Warum fallen wir nachts nicht aus dem Bett?

Egal wie wild wir uns nachts durch die Kissen wühlen, ob wir davon träumen, den Mount Everest zu erklimmen oder einen Marathonlauf zu gewinnen: In der Realität bleiben wir brav in unseren Betten liegen. Dass wir aus den rund zwei Quadratmetern Bett, die uns nachts zur Verfügung stehen, nicht herausplumpsen, ist reine Übungssache.

Im Schlaf schaltet das Gehirn nämlich nicht vollständig ab. Wenn wir uns bewegen – das passiert im Durchschnitt drei bis vier Mal pro Stunde – führt diese »Restaufmerksamkeit« dazu, dass wir das Umfeld kurz wahrnehmen und uns nur so weit bewegen, drehen oder herumrollen, dass wir uns nicht plötzlich neben dem Bett wiederfinden. Über diese Fähigkeit, manche Schlafforscher sprechen auch von der »Verankerung im Unterbewussten«, verfügt der Mensch nicht automatisch. Sie bildet sich langsam aus. Das erklärt auch, warum Kinder sehr wohl noch aus dem Bett fallen können.

Und es erklärt, warum wir uns an neue Betten erst gewöhnen müssen. Erst wenn das Gehirn die Maße der neuen Schlafunterlage gespeichert hat, können wir wieder tief und fest schlummern.

83 Wieso putzen nasse Lappen besser als trockene?

Das Wasser ist es, das dem feuchten Lappen einen echten Putz-Vorteil verschafft. Während sich Staub- und Schmutzteilchen beim trockenen Tuch einfach nur in den Fasern des Stoffs verfangen können, beinhaltet die feuchte Methode gleich mehrere Möglichkeiten, lästigen Dreck loszuwerden.

Kaffee-, Zucker- und Saftrückstände lösen sich in Wasser auf. Haare und Staubflusen bleiben an den Wassermolekülen haften. Dass das Wasser im Putzlappen verbleibt, liegt an der sogenannten »Zusammenhangskraft« oder »Kohäsion«.

Gemeint ist damit, dass die Moleküle des Wassers sehr kräftig zusammenhängen. Das macht den Wasserfilm stabil – einschließlich der gesammelten Schmutzpartikel. Kleine Einschränkung: Ist Dreck besonders fettig, reicht ein feuchter Lappen zum Säubern allein nicht, denn Wasser kann Fettflecken nicht an sich binden.

In diesem Fall muss ein »Vermittler« her: Seife oder Putzmittel. Der Chemiker spricht von »Tensiden«. Salopp gesprochen ha-

ben sie ein Ende, das gut an Fett bindet, und ein anderes Ende, das Wasser mag. Während die Tenside das Fett umhüllen, präsentieren sie nach außen nur ihre wasserfreundlichen Teile. Der Putzlappen nimmt dann auch die eingepackten Fettteilchen mit.

84 Warum zittert Espenlaub?

Menschen zittern vor Wut, Angst oder auch vor Kälte. Sie »zittern wie Espenlaub«, sagt der Volksmund. Übertragen auf eine Espe müsste man sagen, dass es sich bei dem auch »Zitterpappel« genannten Baum um ein besonders leicht erregbares Gemüt handelt. Denn schon kleinste Windböen reichen aus, um ihn zum Rascheln und Rauschen zu bringen.

Der Grund: Die Blätter der Espe verfügen über besonders lange Stiele, die locker an den Ästen sitzen und dadurch gut beweglich sind. »Außerdem sind sie an den Kanten gezackt, die Oberfläche ist leicht gewellt«, berichtet Stephan Anhalt, Direktor des Botanischen Gartens Köln: »Das ist die ideale Angriffsfläche für den Wind.«

Die Blätter von Espen zittern also ziemlich leicht und oft. Kein Wunder, dass daraus die bekannte Redensart wurde. Im Übrigen verschafft das Zittern der Espe einen echten Standortvorteil. Denn die Blätter von Bäumen sind nicht nur für die Photosynthese zuständig – ein Vorgang, bei dem mit Hilfe des Sonnenlichts Energie erzeugt wird –, sondern auch für die Transpiration: Das Wasser, das der Baum aus der Erde aufnimmt, kann durch die Spaltöffnungen der Blätter wieder abgegeben werden. Diese Abgabe von Feuchtigkeit wird bei der Espe durch das Zittern der Blätter unterstützt. Das bewirkt, dass dieser Baum sich auch an feuchteren Standorten wohlfühlt – was erklärt, warum er so oft in Auen zu finden ist. Zittern kann also sehr nützlich sein.

85 Warum ist Essig sauer?

Eigentlich ganz einfach: Essig, lateinisch »Acetum« genannt, enthält Säure, deshalb schmeckt er sauer. Die Essigsäure wiederum geht auf Essigsäurebakterien zurück. Diese gibt es überall, wo Hefen, Zucker oder pflanzliche Kohlenhydrate zu Alkohol vergären.

Zur Herstellung von Speiseessig werden die Essigsäurebakterien, auch »Essigmutter« genannt, mit alkohol- oder zuckerhaltigen Flüssigkeiten, wie zum Beispiel Wein, Bier und Traubensaft, vermischt. Mit Hilfe von Sauerstoff aus der Luft verwandeln die Essigbakterien den Alkohol in Essigsäure. Chemiker sprechen von »Fermentation«.

Essig dient als Würz- und Konservierungsmittel. Die Säure stimuliert bestimmte Geschmacksrezeptoren auf der Zunge, aber auch im Bereich von Gaumen, Rachen und Kehlkopf. Diesen Reiz geben Nervenfasern an das Gehirn weiter, das den Sinneseindruck »sauer« bei uns auslöst, erklärt Wolfgang Meyerhof, Genetiker am Deutschen Institut für Ernährungsforschung (DIFE) in Potsdam.

Wie viele unterschiedliche Sauer-Rezeptoren es gibt, ist noch nicht ganz geklärt. Besser erforscht sei das Geschmacksempfinden für »bitter«, sagt Meyerhof, der eben erst entdeckte, dass keine menschliche Bitterzelle der anderen gleicht. Jede verfügt über einen anderen Satz von vier bis elf Bitterrezeptoren. Das heißt, jede Geschmackszelle erkennt nur einige Bitterstoffgruppen und nicht, wie lange angenommen, alle. Dabei spielen solche Rezeptoren möglicherweise gar nicht nur beim Schmecken eine Rolle. Einige Bitterrezeptoren fanden sich auch schon im Atmungs- und Verdauungssystem.

86 Wieso wird das Haar grau?

Manche trifft es früher und andere später: Die ehemals blonden, schwarzen, braunen oder roten Haare werden grau. Warum das so ist, weiß man noch immer nicht genau. Kein Wunder, denn jedes einzelne Härchen ist ein kleines Meisterwerk der Natur. Tief im Unterhautfettgewebe verbirgt sich die eigentliche Haarfabrik: der Haarfollikel mit der Haarwurzel. Dort wird das Haar in einem fein abgestimmten Prozess zusammengesetzt.

Im Haarfollikel werden auch die unterschiedlichen Farbpartikel, sogenannte Melanine, produziert und ins Haar eingebaut. »Ältere Theorien besagen, dass die biologische Steuerung der Pigmentzellen gestört ist, wenn es zu grauen Haaren kommt, und der Transfer der Melanine in die Haarzellen nicht mehr funktioniert«, sagt Ralf Paus, der an der Universität Lübeck mit seiner Arbeitsgruppe »Experimentelle Haarforschung« die Mechanismen der Pigmentierung erforscht.

Neuerdings richtet sich das Augenmerk mehr und mehr auf Stammzellen, die für die Regeneration der Pigmentzellen verantwortlich sind. Dazu muss man wissen: Die Lebensdauer einer aktiven Haarfabrik beträgt etwa zwei bis sechs Jahre. Danach wird ein Großteil des Systems wieder zerstört. »Erst in der nächsten Wachstumsphase besteht dann auch wieder die Chance zur Farbbildung«, so Paus. Die nötigen Stammzellen scheinen bei Menschen unterschiedlich lange zu überleben. Sind sie erschöpft, werden auch keine Farbpigmente mehr produziert. Das Haar wirkt dann grau oder weiß.

»Bei so einer komplexen Regulation, wo Haarproduktion und Pigmentierung perfekt aufeinander abgestimmt sein müssen, spielen Hormone und Wachstumsfaktoren eine wichtige Rolle«, sagt Paus: »Wahrscheinlich ist das Ergrauen nur das Endergebnis des Zusammenspiels einer ganzen Reihe verschiedener Prozesse.«

87 Wie backt das Christkind Plätzchen?

Färbt sich der Himmel um die Winterzeit in den schönsten Rot- und Orangetönen, erklären nicht wenige Eltern ihrem Nachwuchs: »Guck mal, das Christkind backt Plätzchen.« Tatsächlich ist das Phänomen weniger märchenhaft, es hat etwas mit dem Stand der Sonne und der Wellenlänge des von ihr ausgehenden Lichts zu tun.

Dieses Licht, das aus den Regenbogenfarben Rot, Orange, Gelb, Grün, Blau und Violett besteht, wird auf dem Weg zur Erde gestreut. Die blauen Anteile des Lichts sind kurzwellig und werden stärker abgelenkt als das langwellige rote Licht.

Kurz bevor die Sonne untergeht, sie also schon tief steht, müssen ihre Strahlen einen sehr viel weiteren Weg zurücklegen als etwa zur Mittagszeit, wo sie noch hoch am Himmel steht. »Kommt das Licht dann bei uns an, sind die blauen Anteile schon weit zerstreut, sodass zum Schluss nur die langwelligen roten Anteile übrig bleiben«, erklärt Hermann-Michael Hahn, Vorsitzender der Volkssternwarte Köln.

Im Winter ist die Luft oft weniger feucht – so wirkt der rötliche Schimmer besonders eindrucksvoll. Hinzu kommt, dass die Sonne viel früher untergeht: Am späten Nachmittag fällt uns das schöne »Abendrot« einfach mehr auf.

Bleibt die Mär vom angeblich Plätzchen backenden Christkind: »Der Ausdruck ist noch relativ jung«, erklärt der Wuppertaler Germanist Heinz Rölleke, der sich mit der Geschichte von Märchen, Volksliedern und Sprichwörtern befasst. Rölleke schätzt, dass sich die Redensart um 1930 entwickelt hat.

88 Was macht die Gänsehaut?

Der Fachmann spricht von einer »reflektorischen Aufrichtung der Haare durch Vorspringen des Haarfollikels«. Das heißt auf gut Deutsch: Wenn wir frieren, richten sich die feinen Härchen auf, die sich etwa über unsere Arme und Beine verteilen. Den Anstoß dazu gibt das Gehirn. Es reagiert auf den Kältereiz, indem es winzig kleinen Muskeln, die mit den Haarwurzeln verbunden sind, den Befehl erteilt, sich zusammenzuziehen.

Bei unseren frühen Vorfahren machte die Reaktion noch Sinn. Die Urmenschen dürften so stark behaart gewesen sein, dass sich unter ihren aufgestellten Haaren eine dünne Luftschicht bilden und ihnen als natürliches Wärmepolster dienen konnte – noch verstärkt durch ein mit dem Zusammenziehen der Muskeln verbundenen Zittern. Heutzutage ist der Mensch am Körper kaum noch behaart, das Aufrichten so feiner Härchen, im Volksmund »Gänsehaut« genannt, hilft gegen Kälte nur noch sehr beschränkt.

Aber nicht nur bei Kälte, sondern auch bei Aufregung oder Angst zieht sich der sogenannte »Musculus erector pili«, also der kleine Muskel an den Haarwurzeln, zusammen. Auch hier bringen Wissenschaftler wieder unsere stark behaarten Vorfahren ins Spiel. Mit ihrem »aufgeplusterten Fell« hätten sie für Feinde viel größer, wilder, bedrohlicher gewirkt. Und auch hier gilt: Heutzutage macht diese Art von Gänsehaut kaum noch Sinn.

»Eigentlich brauchen wir die Gänsehaut nicht mehr«, folgert Joachim Fluhr, Oberarzt an der Klinik für Dermatologie der Schiller-Universität in Jena. Allzu hart solle man mit ihr trotzdem nicht ins Gericht gehen, meint der Mediziner. Schließlich zeigten Menschen mit ihrer »Gänsehaut« immer noch Emotionen. Das können auch positive Gefühlsregungen sein, etwa bei sportlichen Erfolgen, guten Nachrichten oder einer besonders ergreifenden Musik.

Bleibt das Federvieh, auf das der umgangssprachliche Ausdruck »Gänsehaut« zurückgeht. Bei Gänsen sind die Drüsen, in denen die Federn stecken, ständig ein wenig erhoben. Bei einem gerupften Tier sieht man das sehr gut. Gänse haben also immer eine Gänsehaut.

89 Warum schwimmen gekochte Knödel oben?

Bevor ein Knödel lecker dampfend auf dem Teller landet, hat er im Kochtopf eine interessante Wandlung durchgemacht. Im rohen Zu-

stand wanderte er zunächst zum Boden des Topfes. Während des Kochens schwimmt er dann langsam an die Wasseroberfläche. Um dieses merkwürdige Verhalten zu erklären, wurden schon verschiedene Theorien erwogen, alle abgeleitet von bekannten physikalischen Phänomenen. Liegt es am spezifischen Gewicht des Knödels? Oder stecken hinter dem Phänomen gar Treibgase aus dem zugegebenen Ei?

Wir wollten es genauer wissen. Jörn-Uwe Fischbach, Professor für Physik an der Universität Wuppertal, hat für uns ergründet, was bisher noch kein Forscher untersucht hatte. Unterstützt von zwei tatkräftigen Assistenten entwickelte er einen Knödel-Versuch und entdeckte schließlich kochend im Labor des Rätsels Lösung.

Der Knödel wurde in einen handelsüblichen Kochtopf gegeben, dann allerdings über Kabel, die an seinen Seiten befestigt waren, mit einem Präzisionskraftmesser verbunden. Modernste Technik kontrollierte Gewicht und Temperatur, alle Daten wurden auf einen Laptop übertragen, dort aufgezeichnet und ausgewertet. In jeder von mehreren durchgeführten Messreihen drängte der Knödel bei einer Wassertemperatur von 98 Grad rapide gen Wasseroberfläche.

»Das führte zu unserer Vermutung, dass Dampfbläschen, die entstehen, wenn das Wasser im Knödel zu kochen beginnt, für den Auftrieb verantwortlich sind«, sagt Fischbach. Der Siedepunkt von Wasser liegt bei 98 Grad Celsius. Durch die Dampfbläschen erhöht sich das Volumen der Kartoffelkugel – und somit auch ihr Auftrieb.

Um diese Hypothese zu verifizieren, wiederholten Fischbach und seine Mitarbeiter den Knödel-Versuch zum einen mit einem Alkohol-Wasser-Gemisch und zum anderen mit Salzwasser, da beide Flüssigkeiten über andere Siedepunkte verfügen – das Alkohol-Gemisch kochte bei 83 Grad, das Salzwasser bei 103 Grad Celsius. In beiden Fällen begann der Knödel jeweils dann an die Oberfläche zu schwimmen, wenn im Knödel der jeweilige Siedepunkt erreicht war.

»Die Ergebnisse haben unsere Vermutung bestätigt: Dass gekochte Knödel schwimmen, liegt an der Entstehung von Siedebläschen der Kochflüssigkeit im Inneren des Knödels und der damit verbundenen Volumenzunahme bei gleichbleibendem Gewicht, das den Auftrieb erhöht«, fasst Fischbach zusammen.

Übrigens: Der Physik-Professor und seine Mitarbeiter testeten verschiedene Knödelmarken und -varianten. Alle verhielten sich gleich. Der Geschmackstest bleibt natürlich nach wie vor jedem selbst überlassen.

90 Was ist Licht?

Das Wesen des Lichts erscheint uns kaum fassbar. Es ist strahlend schön, doch woraus es eigentlich bestehen soll, können wir uns kaum vorstellen. Streng physikalisch betrachtet handelt es sich beim Licht um den für Menschen sichtbaren Bereich der elektromagnetischen Strahlung.

Das hört sich komplizierter an, als es tatsächlich ist. Elektromagnetische Strahlung entsteht immer dann, wenn Elektronen und Atomkerne angestoßen und dadurch in Bewegung versetzt werden – so als ob man einen Stein ins Wasser werfen würde, der dann für Wellen sorgt.

Bei der Sonne, einer Kerze oder Glühbirne erfolgt dieser Anstoß durch die innere Wärmeenergie. Diese Energie wird in Form von Schwingungen wieder abgegeben, die wir über die Augen und das Gehirn als Lichtwellen wahrnehmen können. Allerdings muss man wissen, dass es bei der elektromagnetischen Strahlung unterschiedliche Wellenlängen gibt – genau wie der Stein im Wasser für kleinere und größere Wellen sorgt. »Je nach ihrer Länge haben die elektromagnetischen Wellen auch verschiedene Wirkungen«, berichtet Norbert Kaiser vom Fraunhofer-Institut für Angewandte Optik und Feinmechanik in Jena.

Das sogenannte »elektromagnetische Spektrum« reicht von den Radio- und Mikrowellen über infrarote Wärmestrahlen bis hin zum Röntgen- und Gammastrahlenbereich. Nur einen Teil davon können wir sehen. Denn die Sehzäpfchen und -stäbchen auf der Netzhaut unseres Auges sind nur auf ganz bestimmte Wellenlängen eingestellt, wir nehmen sie als Farben wahr. Menschen »sehen« Strahlung in den Abstufungen von rot über gelb, grün und blau bis violett. Das entspricht einem Ausschnitt aus der gesamten elektromagnetischen Strahlung von etwa 750 bis 380 Nanometern (Milliardstel Metern) Wellenlänge. Bienen zum Beispiel nehmen auch noch eine kurzwelligere Strahlung wahr, das sogenannte »ultraviolette« Licht. Dafür sehen die Insekten allerdings kein Rot.

Dass unser Sehsinn nicht auf das gesamte elektromagnetische Spektrum eingestellt ist, hat einen einfachen und plausiblen Grund. Unsere Augen haben sich im Verlauf der Evolution einfach so entwickelt, dass sie nur das sehen, was für sie auch eine sinnvolle Information enthält, erklärt Jürgen Stutzki, Professor für Physik an der Universität Köln. Könnten wir die Wärmestrahlung sehen, brächte uns das im Alltag wenig Nutzen. Stutzki: »Weil alles mehr oder weniger warm ist, wäre unsere Welt einfach nur hell und ohne Kontraste.«

91 Warum ist die Tanne immergrün?

Während sich die meisten Bäume bereits im Herbst von ihren Blättern trennen und im Winter reichlich nackt dastehen, bleiben Tannen ihrem Erscheinungsbild treu. Der Volksmund besingt denn auch den Tannenbaum und dessen grüne Blätter.

Übrigens kein Fehler, denn biologisch gesehen gehören die Nadeln tatsächlich zur Gruppe der Blätter, bestätigt Karl-Heinz Linne von Berg, akademischer Oberrat am Botanischen Garten Köln. Und weil Tannen ihre Nadeln das ganze Jahr über behalten, sie nur nach und nach austauschen, nennt der Botaniker sie »immergrün«.

Dahinter steckt eine spezielle Taktik, den Herausforderungen von Trockenheit und Winter zu begegnen. Einem Laubbaum drohen in der kalten Jahreszeit Frostschäden, daher trennt er sich frühzeitig von seinen Blättern. Tannen halten davon nichts, sie investieren lieber etwas mehr Energie in die Ausstattung ihrer Nadeln, um sie gut durch den Winter zu bringen.

Schon die einzelnen Hautschichten einer Nadel sind dicker als die eines Blattes. Ein Wachsüberzug sowie verschiedene Frostschutzmittel in den Zellen sorgen außerdem dafür, dass auch Eiseskälte unserm Tannenbaum nichts anhaben kann.

»Bis zu sieben Jahre bleiben Tannennadeln am Baum«, berichtet Linne von Berg. Damit sich die aufwendige Herstellung der Nadeln auch lohnt und sie nicht dem erstbesten Fressfeind zum Opfer fallen, gibt ihnen die Tanne verschiedene Harze und Öle mit auf den Weg. Das macht sie klebrig, im Geschmack bitter und damit ungenießbar. Menschen haben mehr Freude am typischen Geruch, den Tannennadeln verströmen. Im heimischen Wohnzimmer signalisiert dieser Duft: Es ist Weihnachten.

92 Wie giftig ist der Christstern?

Sehr beruhigend: Der Weihnachtsstern, der hierzulande während der Weihnachtszeit auf fast jeder Fensterbank seinen Platz findet, ist nur »gering giftig«, wie Carola Seidel, Ärztin der Giftzentrale am Zentrum für Kinderheilkunde des Universitätsklinikums Bonn, erklärt. »Der Milchsaft der Wildform ist zwar äußerst giftig, die gezüchtete Variante aber unbedenklich.«

Würde man die hier erworbene Pflanze verzehren, die in südlichen Ländern in freier Natur zu meterhohen Büschen heranwachsen kann, hätte man allenfalls mit leichten Reizerscheinungen an Haut und Schleimhäuten, Bauchschmerzen, Übelkeit und Brechreiz zu kämpfen. Auch kann es möglicherweise zu allergischen Reaktionen kommen.

Die Wildform des Weihnachtssterns, der zur Gattung der »Euphorbien« gehört und in der Zeit von November bis März blüht, enthält Diterpene. Diese chemischen Verbindungen wirken hautreizend.

93 Wie misst man Kalorien?

Gefährliche Winterzeit: Überall locken Schokolade und Weihnachtsplätzchen, und dann noch die Festtagsbraten! Danach setzen sich viele Menschen erst mal auf Diät. Die kleinen Hinweise auf Lebensmittelverpackungen rücken ins Blickfeld: Wie viele Kalorien hat der Joghurt? Die Salami? Die Nougat-Schokolade? Steht alles genau drauf. Aber woher wissen die Hersteller eigentlich, wie viele Kalorien in ihren Produkten stecken?

Das Messgerät, das diese Arbeit übernimmt, trägt einen beeindruckenden Namen: »Bombenkalorimeter«. Es handelt sich um ein abgedichtetes Gefäß, in das man zum Beispiel die Schokolade steckt, um ihren sogenannten »Brennwert« zu ermitteln. In der Bombe wird die Schokolade tatsächlich verbrannt. Der Brennwert entspricht dem Energiegehalt bei der Verbrennung im Körper.

Sobald die Schokolade im Bombenkalorimeter liegt, wird die Luft in der Bombe durch reinen Sauerstoff ersetzt, das Gefäß selbst in einen nach außen isolierten Behälter mit Wasser gelegt. Nun wird die Verbrennung des Nahrungsmittels per Glühdraht in Gang gesetzt und gemessen, wie viel Wärme dabei an das Wasser übergeht. Durch die Temperaturerhöhung lässt sich ermitteln, wie viel Energie in der Schokolade enthalten war.

Als wäre das nicht schon alles kompliziert genug, wurde schon vor Jahren ein weiterer Begriff eingeführt: das Joule, das als physikalische Größe innerhalb des Internationalen Einheitensystems verbindlich ist. Eine Kalorie entspricht dabei 4,1868 Joule. Haben also 100 Gramm Nougat-Schokolade 520 Kilokalorien (kcal), entspricht das 2177 Kilojoule (kJ). Bei Nahrungsmitteln hat sich die

Bezeichnung »Kilokalorien« aber erhalten, sodass auf Verpackungen meist beide Bezeichnungen angegeben werden.

94 Warum heißt ein Muttermal »Muttermal«?

Einen oder mehrere Hautflecken hat wohl jeder Mensch irgendwo an seinem Körper. Das Wort »Mal« bedeutet so viel wie »Zeichen«. Der Ausdruck lasse sich bis ins Althochdeutsche zurückverfolgen, weiß Heinrich Rasokat, Oberarzt an der Hautklinik der Universität Köln, zu berichten.

Die Formulierung »Mal vom Mutterleibe her« findet sich erstmals bei Jörg Wickram, einem um 1505 in Colmar geborenen Schriftsteller. Ihr dürfte die Beobachtung zugrunde liegen, dass Hautflecken manchmal von Generation zu Generation an denselben Stellen auftauchen.

Die Forscher der Moderne wollten es genauer wissen. Sie stellten fest, dass ein »Nävuszellnävus« (NZN), wie man das Muttermal in der medizinischen Fachsprache nennt, aus Hautzellen besteht, die sich in ihren genetischen Merkmalen von allen anderen menschlichen Zellen unterscheiden.

»Es handelt sich um meist harmlose Mutationen. Sie entstehen während der Embryonalentwicklung im Mutterleib«, erklärt Rasokat. Nur einen kleinen Teil der »Nävi« sieht man gleich nach der Geburt, die meisten Muttermale bilden sich erst im Laufe des Lebens aus.

Warum »Nävi« erst ruhen? Welcher Mechanismus ihr Erscheinen auslöst und welche genetischen Vorgänge darüber bestimmen, an welchen Körperstellen sie auftreten? Das alles weiß man noch nicht.

95 Wie kalt wird es im Weltraum?

Wissenschaftler streiten gern über diese Frage. Die einen argumentieren, dass der Raum zwischen den Sternen gar keine Temperatur besitzen könne. Begründung: Temperatur sei ein Maß für die kinetische Energie von Teilchen. Da das Weltall annähernd als teilchenloser Raum betrachtet wird, also als Vakuum, habe er auch keine Temperatur.

Falsch, sagen die anderen: Immerhin gebe es noch die elektromagnetische Strahlung. Diese sogenannte »kosmische Hintergrundstrahlung« ist ein Relikt des Urknalls, das sich im gesamten Universum findet.

Die Energie dieser Strahlung lässt sich messen, sodass man daraus die Temperatur im All errechnen kann: Es sind minus 270 Grad Celsius – nur drei Grad über dem absoluten Nullpunkt.

96 Warum werden wir heiser?

Der Hals fühlt sich trocken an, er kratzt, die Stimme klingt belegt, irgendwann kommt nur noch klägliches Krächzen aus dem Mund. Diagnose: Heiserkeit oder »Dysphonie«, wie der Mediziner sagt.

Schuld an der hoch unangenehmen, in der Regel aber vorübergehenden Beeinträchtigung ist oft ein grippaler Infekt, genauer:

der Schleim, der sich dann im Mund- und Rachenraum bildet. Dadurch entzünden sich die Stimmlippen, die maßgeblich an der Stimmbildung beteiligt sind.

Die Stimmlippen sitzen im Kehlkopf, der Spalt zwischen ihnen wird als »Stimmritze« bezeichnet. Beim Sprechen oder Singen bewegen sich die Stimmlippen aufeinander zu. Sie werden angespannt und geraten durch den Luftstrom, der aus der Lunge gepresst wird, in Schwingungen. Gerötet und geschwollen, wie sie bei einer Erkältung sind, können die Stimmbänder nicht mehr frei schwingen, die Stimmritze schließt sich nur unvollständig, unsere Stimme verändert sich – wird krächzig.

»Heiserkeit kann auch durch Überbelastung entstehen«, sagt Ruth Lang-Roth, Fachärztin an der HNO-Uniklinik Köln. Wer zu lauthals feiert, versetzt die Stimmbänder in einen erkältungsähnlichen Zustand. Auch wer über einen langen Zeitraum viel spricht, kann heiser werden.

Zum Glück ist die Stimme relativ schnell wieder hergestellt. Wenig zu sprechen sei die beste Medizin, meint Ruth Lang-Roth.

97 Warum trägt der Pinguin einen Frack?

Für einen Besuch in der Oper wären sie bestens ausgestattet: Pinguine wirken in ihrem schwarz-weißen Gewand höchst elegant. Aber Spaß beiseite. Natürlich hat ihr Gefieder eine ganz andere Aufgabe, es dient der Tarnung – und das gleich im doppelten Sinn.

Gefährlich für den Pinguin sind nämlich Schwertwale oder Seeleoparden. Diese können ihn im Wasser nicht gut sehen, denn der Pinguin ist mit seiner schwarzen Rückseite fast so dunkel wie der Meeresboden.

Andererseits macht auch der weiße Bauch Sinn. Für die Fische und Garnelen, die der Pinguin selbst jagen will, ist er von der silbrig hellen Wasseroberfläche kaum zu unterscheiden.

98 Warum perlt Champagner?

Wie Perlenschnüre steigen kleine Bläschen in einem Glas Champagner nach oben. Das sieht hübsch aus, und das Prickeln der goldenen Tröpfchen ist mit einzigartigem Knistern verbunden. Wenn sie an der Oberfläche zerplatzen, steigt uns ein wunderbarer Duft in die Nase.

Im Grunde ist ein Schaumwein, also auch ein Champagner, nichts anderes als ein Wein, der zur Veredelung einer zweiten Gärung – diesmal in der Flasche – unterzogen wird.

Allerdings gelten beim Champagner besonders strenge Regeln. Um die zweite Gärung in Gang zu setzen, wird dem trockenen, »stillen« Wein eine spezielle Mischung aus Zucker und »Champagnerhefe« zugesetzt.

Die Flasche wird mit einem Korken verschlossen, echter Champagner muss danach mindestens 15 Monate reifen, wird regelmäßig gerüttelt. Der zugesetzte Zucker wird durch Hefe vergoren, dabei bildet sich – außer Alkohol – auch Kohlendioxid (CO_2). Bei einem Druck von vier bis sechs Bar bleibt das CO_2-Gas gelöst. Sobald die Flasche jedoch geöffnet wird und der Druck schlagartig nachlässt, entweicht das CO_2.

Es bilden sich viele kleine Gasbläschen, die langsam aus der Flüssigkeit hochsteigen. Wie französische Forscher herausfanden, entstehen besonders schöne Perlen an kleinen Flusen, in die winzige Luftmengen eingeschlossen sind. Diese Flusen können aus Geschirrtüchern stammen, mit denen das Glas abgetrocknet wurde, oder schlicht aus der Raumluft.

An mikroskopisch kleinen Kratzern im Glas können sich die Bläschen ebenfalls besonders gut bilden. Darum verfügen manche hochwertige Champagnergläser sogar über einen absichtlich aufgerauten Boden.

99 Warum vergeht die Zeit immer schneller?

Je älter man wird, desto schneller vergeht die Zeit. Zumindest kommt es einem so vor. Dauerte es in der Kindheit ewig, bis endlich wieder Weihnachten war, stöhnen wir heute, weil wir schon wieder Geschenke kaufen müssen.

Dass der Mensch so empfindet, habe damit zu tun, wie der Mensch die Zeit erlebt, erklärt Martin Held von der Evangelischen Akademie Tutzing. »Kinder haben ein anderes Zeitempfinden, weil sie jeden Tag Neues entdecken und ständig Unbekanntes verarbeiten müssen.« Dadurch erfordert jeder Augenblick eine viel größere Präsenz als bei Erwachsenen.

Mit zunehmendem Alter wird dagegen vieles zur Routine. »Dadurch fühlt es sich so an, als würde die Zeit schneller vergehen«, sagt Held. Aber auch im Erwachsenenalter begegnet uns immer wieder das Phänomen der »gefühlten Zeit«. So erleben wir

Lebensphasen, die mit vielen Projekten angefüllt sind, oft so, als flögen die Tage nur so dahin. »Im Rückblick betrachtet kommt uns diese Zeit dann sogar oft sehr ausgefüllt und lang vor«, erklärt Ursula Staudinger, Psychologin an der Universität Bremen.

Das bleibt nicht immer so. »Aus Studien wissen wir, dass sich die ›gefühlte Zeit‹ im hohen Alter wieder verlangsamt«, weiß Staudinger zu berichten: »Es werden einfach nicht mehr so viele Pläne verfolgt, man ist nicht mehr so aktiv wie früher.« Die Menschen setzen sich intensiver mit dem Tod auseinander und empfinden »die Zeit, die noch bleibt« als besonders wertvoll. Staudinger: »Alte Menschen leben nicht, wie oft behauptet, in der Vergangenheit, sondern intensiv im Jetzt.«

100 Warum werden Kekse weich?

Frische Kekse knacken zart, wenn man in sie hineinbeißt. Doch wehe, das Gebäck ist weich geworden, dann wirkt es pappig und schmeckt nicht mehr annähernd so gut. Die meisten Kekse sind nämlich »sorptiv«, wie der Chemiker es formuliert, und das bedeutet: Sie nehmen Wasser aus der mehr oder weniger feuchten Luft in sich auf – so lange, bis sich ein ausgeglichener Zustand zur Umgebung eingestellt hat.

Generell gilt: Ein frisch gebackener Keks verfügt über einen Restwassergehalt von ungefähr einem Prozent. Zimmerluft hat eine relative Feuchtigkeit von 30 bis 40 Prozent. »Die Grenze, ab der wir wahrnehmen, dass unser Plätzchen weich geworden ist, liegt bei etwa vier bis sechs Prozent Wassergehalt im Keks«, erklärt Günter Brack, der als Lebensmitteltechnologe an der Bundesforschungsanstalt für Ernährung und Lebensmittel in Detmold das Knusperverhalten von Keksen erforscht.

Nicht jeder Keks wird gleich schnell weich. Hart-, Spritz- und Mürbegebäck unterscheiden sich in ihrem jeweiligen Gehalt an Zucker, Fett und Mehl. Speziell Zucker und Mehl ziehen Wasser an, sie sind darum in erster Linie für die »Sorption« verantwortlich. Kekse bewahrt man besser in einer fest verschließbaren Dose auf, so halten sie sich länger frisch. »Zu weich gewordene Kekse könnte man theoretisch kurz in den schwach geheizten Backofen legen und sie dort wieder knusprig machen«, sagt Brack. »Aber wer will das schon?«

Dank für Rat und Tat

Klaus Addiks, Zentrum Anatomie, Universitätsklinikum Köln

Stephan Anhalt, Botanischer Garten Köln

Kristina Barz, Alfred-Wegener-Institut für Polar- und Meeresforschung (AWI), Bremerhaven

Olaf Behlert, Zoologischer Garten Köln

Annette Benesch, FB Biowissenschaften, Universität Frankfurt a. M.

Günter Brack, Bundesforschungsanstalt für Ernährung und Lebensmittel (BFEL), Detmold

Michael Deeg, Deutscher Berufsverband der Hals-Nasen-Ohren-Ärzte

Thomas Dietlein, Zentrum für Augenheilkunde, Universität Köln

Jens Eggers, Department of Mathematics, University of Bristol

Sabine Etges, Botanischer Garten, Universität Düsseldorf

Bernhard Fink, Abt. Soziobiologie/Anthropologie, Universität Göttingen

Jörn-Uwe Fischbach, FB Technische Physik, Universität Wuppertal

Günter Fleissner, Zoologisches Institut, Universität Frankfurt a. M.

Joachim Fluhr, Klinik für Dermatologie, Universität Jena

Michael Geffert, Argelander-Institut für Astronomie, Universität Bonn

Hans-Georg Grothues, Deutsches Zentrum für Luft- und Raumfahrt (DLR), Köln

Hermann-Michael Hahn, Volkssternwarte Köln

Ulrich Hansen, Institut für Geophysik, Universität Münster

Carl Haub, Population Reference Bureau, Washington

Martin Held, Evangelische Akademie Tutzing

Klaus Heller, Bundeswirtschaftsministerium, Referat »Raumfahrt, Projekte und Anwendungen«, Berlin

Hartmut Hellmer, Alfred-Wegener-Institut für Polar- und Meeresforschung (AWI), Bremerhaven

Heinrich Hemme, FB Maschinenbau, Fachhochschule Aachen

Heinz Hövel, FB Physik,Universität Dortmund

Wolfgang Hoffmann, Bundesforschungsanstalt für Ernährung und Lebensmittel (BFEL), Kiel

Karl-Bernd Hüttenbrink, Klinik für Hals-, Nasen-, Ohren-Heilkunde, Universitätsklinikum Köln

Thomas Janka, Max-Planck-Institut für Astrophysik, Garching

Norbert Kaiser, Fraunhofer-Institut für Angewandte Optik und Feinmechanik (IOF), Jena

Klaus Keite-Telgenbüscher, tesa AG, Hamburg

Rudolf Kippenhahn, Max-Planck-Institut für Astrophysik, Garching

Jürgen Koebke, Zentrum Anatomie, Universitätsklinikum Köln

Lydia Kolter, Zoologischer Garten Köln

John Komlos, Seminar für Wirtschaftsgeschichte, Universität München

Maarten Koornneef, Max-Planck-Institut für Züchtungsforschung, Köln

Ruth Lang-Roth, Klinik für Hals-Nasen-Ohren-Heilkunde, Universitätsklinikum Köln

Thomas Laux, Institut für Biologie III, Universität Freiburg

Karl-Heinz Linne von Berg, Botanischer Garten Köln

Gerhard Lux, Deutscher Wetterdienst, Offenbach

Wolfgang Meyerhof, Deutsches Institut für Ernährungsforschung (DIfE), Potsdam

Günther Müller, International Air Transport Association (IATA)

Gerlinde Nachtigall, Biologische Bundesanstalt für Land- und Forstwirtschaft (BBA), Braunschweig

Ralf Paus, Klinik für Dermatologie, Universitätsklinikum Lübeck
Robert Peter, Gebäudereiniger, Köln
Gustav Peters, Zoologisches Forschungsmuseum Alexander Koenig, Bonn
Reinhard Pieper, Institut für Physik und ihre Didaktik, Universität Köln
Ute Radespiel, Institut für Zoologie, Tierärztliche Hochschule Hannover
Christoph Rahn, Varta AG, Hannover
Heinrich Rasokat, Klinik für Dermatologie, Universitätsklinikum Köln
Heinz Rölleke, FB Germanistik, Universität Wuppertal
Susanne Ruprecht, Deutsches Institut für Ernährungsforschung (DIfE), Potsdam-Rehbrücke
Einhard Schierenberg, Zoologisches Institut, Universität Köln
Andreas Schneider, Berufsverband der Deutschen Urologen
Eckhard Schönau, Kinderklinik, Universität Köln
Stefan Schrader, Bundesforschungsanstalt für Landwirtschaft (FAL), Braunschweig
Carola Seidel, Giftzentrale, Universitätsklinikum Bonn
Björn Siemers, Max-Planck-Institut für Ornithologie, Seewiesen
Andreas Speer, Philosophisches Seminar, Universität Köln
Barbara Sponholz, Institut für Geographie, Universität Würzburg
Ursula Staudinger, Jacobs University Bremen
Burkard Steinrücken, Westfälische Volkssternwarte Recklinghausen
Jürgen Stutzki, Physikalisches Institut, Universität Köln
Jürgen Tautz, Biozentrum, Universität Würzburg
Metin Tolan, FB Physik, Universität Dortmund
Philipp Wagner, Zoologisches Forschungsmuseum Alexander Koenig, Bonn

Eva Walther, FB Psychologie/Sozialpsychologie, Universität Trier
Brigitte Weber, Fraunhofer-Institut für Angewandte Optik und Feinmechanik (IOF), Jena
Uwe Weltin, Institut für Zuverlässigkeitstechnik, TU Hamburg-Harburg
Wolfgang Wipking, Zoologisches Institut, Universität Köln
Thomas Ziegler, Zoologischer Garten/Aquarium Köln

Inhaltsverzeichnis

Menschlich

Pflanzlich

Häuslich

Irdisch

Himmlisch